治愈系

悲伤的另一面
The other side of sadness

乔治·A·博南诺(George A.Bonanno) 著

叶继英 译

中国人民大学出版社
·北京·

致玛丽亚·博南诺,我的母亲,也是我的朋友和偶像。

目录 Contents

第一章　最糟的事总会发生/ 001

第二章　历史点滴/ 013

　　哀伤宣泄的奇妙理念/ 017

　　更古怪的见解：哀伤不足/ 022

　　哀悼的阶段/ 025

第三章　悲伤和欢笑/ 033

　　悲伤的功能/ 041

　　不要独自悲伤/ 044

　　笑面死亡/ 048

　　振荡/ 052

第四章　顺应一切/ 064

　　有复原能力的儿童/ 069

　　有复原能力的成年人/ 074

悲伤的另一面
The Other Side of Sadness

不可思议并令人难忘的事件 / 076

传染病 / 088

第五章　究竟是什么伴你度过黑夜？/ 096

在记忆中寻求慰藉 / 101

有不同的复原能力类型吗？/ 107

不光彩应对 / 111

第六章　慰藉 / 122

看护 / 125

当死亡开启新的大门 / 127

第七章　当不幸降临 / 141

持续长久的悲伤 / 142

依赖 / 151

得到帮助 / 154

持久悲伤治疗 / 161

第八章　恐惧和好奇 / 170

恐怖 / 172

死亡提醒 / 177

死亡冥想 / 181

超越恐惧 / 186

好奇心 / 190

目 录

第九章　在过去、现在和未来之间/ 198

　　持久联系/ 202

第十章　想象来世/ 219

　　在天堂重聚抑或在地狱分离？/ 220

　　回来/ 226

　　完全类似/ 232

　　你听说过其中之一吗？/ 244

第十一章　中国的丧亲仪式/ 258

　　现代化/ 274

　　"你好，爸爸！"/ 285

第十二章　逆境中永生/ 296

　　为哀悼做准备/ 299

　　持久连接/ 302

致谢/ 310

第一章　最糟的事总会发生 *

午饭后，希瑟·林德奎斯特正在厨房清扫，突然她听到一声闷响。声音好像是从走廊那边传过来的，音量只是比通常会被忽略的略大一些。"孩子们！"她大声喊道，"你们在做什么呢？"没有听到孩子们的回答，她放下手里的活，走进客厅，两个孩子正安静地在沙发上玩耍，不时咯咯地笑着。"是你们开的玩笑？"她微笑着问，"怎么发出这样的声音呢？"孩子们不明就里茫然地耸了耸肩。"爸爸在哪儿呢？"还没来得及等到孩子们回答，她下意识地跑向走廊，惊愕地看到她的丈夫，约翰，痛苦地在走廊地板上不停地扭动翻滚，她顿时害怕得哭出声来。约翰患有严重的哮喘病，并且正在服用一种新药，服药以来似乎有了一定的作用，但这突如其来的致命一击却让他顷刻间完全崩溃。希瑟尝试了她能想到的一切办法，试图挽救丈夫的生命，最后不得不叫来了救护车，剩下的只能听天由命了。约翰最终还是在去医院的路上因心脏骤停而离开了人世。

---

* 为保密起见，除桑德拉·辛格·比尤利外，本书叙述中所涉及人员的姓名和个人信息都已更改。

希瑟 34 岁，她的两个儿子分别是 5 岁和 7 岁，约翰离去的那一刻对她来说，是有生以来她可能遇到的最糟糕的时刻。

我们大多数人都害怕至爱之人受到伤害，甚至连想都不愿想，然而时间的河流终究会把那一天推送到面前，我们别无选择。压力性生活事件的调查结果显示，被调查者把至亲死亡事件列在首位。[1]想象中的悲伤像一个无情的影子，紧紧跟随我们，我们难以挣脱。哀伤，正如我们所想象的，把光明转变成黑暗，并从它所触及的一切事物中偷走了喜悦，而且是那样地势不可挡，使我们毫无退路。

哀伤是如此不可否认地难以应付，但它真的永远将压倒一切吗？

希瑟·林德奎斯特从出生起，就一直生活在新泽西北部郊区的一个安静的社区。她和约翰高中时就是一对甜蜜的情侣，毕业后他们如愿以偿地结了婚，还置办了一套小型农庄式别墅，婚后他们生儿育女，并且还养了一条狗。学校条件优越，生活安定平稳，一切看起来都是那么舒心美好，希瑟感觉生命中的一切都安排得井然有序，虽然比不上电视节目中所展现的，但已是出乎意料地完美。

但是约翰走了，希瑟不得不重新思考这一切。

她现在成了单身母亲，既要想方设法赚更多的钱，又要挤出时间陪伴孩子，从某种程度上来说，她必须包容每个人的痛苦。她要努力寻找前所未知的潜在力量，有时这种感觉是孤独和痛苦

第一章　最糟的事总会发生

的,但希瑟从她做出的每一个决定中发现了意义和活力,甚至还有从未体验过的快乐。

"我觉得自己随时会崩溃,那种感觉真切得就像听着自己的心跳,而且那正是我想要做的,也是我能做到的最简单的事。"希瑟解释道,"但是,我不能那样做,我每天不得不从床上爬起来,完成每件必须做好的事,日子就这样一天天过去,从某种程度来说,一切又回归正常状态。孩子们都是好样的,虽然他们一开始和我一样悲痛,但最终还是挺了过来,我们始终一起面对生活中的问题。我爱他们,我想约翰在天之灵也会为他们骄傲的。"

* * *

希瑟的故事从通常思考悲伤和哀悼的方式来看是不寻常的,甚至有些许讽刺意味。我们虽难以忍受,但知道,丧亲的痛苦是难以避免的,正如俗话所说,死亡和税收都是注定无法逃脱的。每个人终将都要面对哀伤,可能这种遭遇在一生中还不止一次,但尽管哀伤随时会来,大多数人对哀伤后会发生什么一无所知,即使那些曾经经历过丧亲巨痛的人们,如果再次面对,通常也不能确定他们的哀伤是否正常,或者是否还会有类似的感受。

对于哀伤我们可能会有无穷无尽的疑问:失去某人对我们真正意味着什么?哀伤的感觉每次都相同吗?每个人的感觉都一样

吗？它总是被痛苦所左右吗？它会持续多长时间？它又应该持续多久呢？如果有人表现得不够伤心，会怎么样？假如有人谈到与逝去亲人持续连接，又会怎样？这是正常的吗？这些都是重大且重要的问题。如果能理解人们对丧亲的反应会因人而异，我们自然也能领会何以为人的意义，并能体验生命和死亡，爱和意义，以及悲伤和欢乐的方式。

关于哀伤和丧亲之痛的书籍很多，但大部分作者都出人意料地站在比较狭隘的视角谈论这些话题，并且有意回避了重大问题。其中一个重要原因是，这类书籍多数都是由执业医生或治疗师所写，这当然不足为怪，但如果我们想从更为广义的角度来理解悲伤，问题必然随之而来。哀伤治疗师往往倾向于关注那些生活已然被丧亲之痛浸染的亲属们，治疗师的专业性帮助或许为他们提供了生存下去的唯一机会，这些重大的人生经历确实引人注目，但哀伤对大多数人究竟意味着什么却并未得到诠释。

自助书籍同样也存在这种偏激的极端倾向，悲伤被一味地描绘成完全让人瘫痪的伤痛，痛苦似乎只会让人们脱离正常的生活轨道，一旦经历就难以恢复正常机能。在这些书中，丧亲者们只能期望从模糊不清的绝望中一步一步清醒回转。这类书籍的书名也充分体现了这一特点，如"回归生活"或者"从哀伤中觉醒"。[2]

来势汹汹的哀伤体验不可能是微不足道的，对于那些曾经经历过的人来说更是如此，但大多数人在亲历丧失至亲过程中的感

第一章 最糟的事总会发生

受并不都是如此。在研究丧亲之痛的过程中,我和我的同事们先后对数百人进行了访谈。作为研究的一部分,我们请访谈者讲述自己的故事,谈谈他们所经历的丧亲过程,以及随之而来的哀伤感受。许多参与研究的志愿者都决定仔细研读有关丧亲之痛的文章,然而在开始阅读后不久他们就补充说,似乎无法从中找到任何与自己的亲身经历相吻合的感受。他们经常说,其实参与研究的目的,只是希望有机会能向所谓的专家们展示对哀伤真实的内心感受。

* * *

1991年,在获得临床心理学博士学位后不久,我获得了一个极具挑战性的工作机会:去旧金山加州大学研究哀伤过程。我之所以说这是个极具挑战性的工作,是因为当时无论从专业还是个人的角度,对于丧亲之痛我几乎一无所知,我只经历过父亲几年前去世这仅有的一次重大丧失亲人之事。正是由于父亲去世的缘故,我立志成为一名心理治疗师,但从那以后,我再也未曾关注过自己的哀伤反应。在决定研究丧亲之痛之初,我确实感觉到内心不安,也不太确定这是不是个令人沮丧的研究主题,会不会让自己因此又陷入沮丧之中。

然而,一旦投入到关于哀伤的书籍和论文的研读中,我的兴趣马上被全面激发。虽然丧亲之痛是人生必不可少的组成部分,几乎

005

每个人都必须面对，但与之相关的系统研究和关注却是少之又少。

当时的我虽已对这一主题萌生兴趣，但一直以来都没有给予太多的关注，我想改变的时机来了。

越南战争促生了研究者对心理创伤的极大兴趣，最初的研究大都局限于战争带来的心理创伤，后来研究的范围慢慢扩展到其他类型的灾难，如自然灾害、强奸事件或人身攻击，最终必然落到了丧亲之痛。

令人惊讶的是，那些早期对丧亲之痛的研究只为传统的哀悼情景提供了较为保守的支持意见，一些研究甚至暗示对丧亲之痛的接纳态度是不恰当的。更有趣的是，两位杰出的学者，卡米尔·沃特曼和洛葛仙妮·施尔夫1989年发表了一篇题目非常大胆的文章，《应对丧失的谬论》[3]，文章指出许多关于丧亲之痛的核心假设其实是不合适的。随着对这一主题越的探究深入，我越倾向于对他们提出的观点表示赞同，关于丧亲之痛"最前沿的知识"似乎已严重过时，对于进入此领域的新研究者，这是多么有趣而诱人的消息！尽管这个研究主题变化无常且难以捉摸，让我感觉有点勉为其难，但我还是决定抓住这个机会，应邀奔赴旧金山。

我本来以为对于丧亲之痛的研究最多只会持续几年的时间，接着会有其他更大、更好的主题转移我的注意力，但令我吃惊的是，在近二十年之后，丧亲之痛仍然是我职业生涯的关注焦点，我想其原因再简单不过：鲜有人了解丧亲之痛，每一次新的观察和每

第一章　最糟的事总会发生

一个新的疑问似乎都会挖掘出新的东西。我和我的同事们经常有意想不到的新发现，只是因为我们提出了之前从未有人提及的质疑。

我们的研究方法是单刀直入的，如果要说有什么独创性的话，那也只是将心理学其他研究领域的标准方法应用于丧亲之痛这一主题，比如，哀伤研究专家曾经假定人们在丧亲之后必然会有表达内心痛苦感受的需求，但他们从来没有测试并验证过这个想法。主流的心理学研究给我们提供了无数可能的测试方法，我们采用了实验的范式，例如，我们询问最近经历过丧失之痛的人有关亲人离去的经过，和对生活中其他重要事件的不同感受，然后我们进行了比较。在与被试者交谈的过程中，通过记录面部表情和自主神经系统活动的方法，来测量他们的情绪反应，同时对被试者的谈话过程进行录音，这样就可以测量他们在谈话中涉及丧亲话题的频率，以及他们谈起这一话题时情绪反应的程度。这些技术本身并无任何创新之处，但被用于哀伤过程的研究还是第一次。

我对于丧亲之痛最终转变成个人巨大优势的事实了解得不多，或许固有的天真本性有时会给我的研究造成困难，但在很大程度上也带给我看待问题的全新视角。对于应该在过程中发现些什么，我很少有先入为主的预期观念，正因为如此，我倾向于对尚未厘清的困惑提出简单的问题。例如，我想弄清楚典型的哀伤过程究竟是什么样的。

直到最近，大部分关于哀伤和丧亲的理论才将哀伤看成是一种需要很长时间才能克服的成长历程。事实上，丧亲专家们习惯用"哀伤辅导"来描述他们假定的所有丧亲者必须经历后才能圆满解决丧亲之痛这一广泛过程，他们用具体精致的细节使这个想法更详尽充实。关于丧亲之痛的书籍和学术期刊通常用图表方式展示包括常规哀悼过程在内的各阶段的不同任务，通常认为所谓"成功"的哀伤过程取决于各个阶段和任务的进展，如未能按计划完成将会导致更大的痛苦，这个理论当然时常会引起争议。

这些图表通常是建立在每个人的哀伤都或多或少有相似之处这样一个固有假设基础之上的，当人们迅速克服哀伤或者跳过哀悼的某些"阶段"时，常常让人感觉哪里不对劲。基于这种观念，当某些丧亲者表现得过于高兴或者安逸平静时，则很容易让人产生怀疑，人们不禁要问："这是某种形式的否认吗？"或者更糟糕的情况，我们甚至会怀疑他们也许从一开始就未真正关心过逝去的亲人；抑或如果得不到应对哀伤的专业帮助，多年后他们可能会遭受更严重的创伤延迟反应。

不过值得注意的是，经过多年的研究，我发现并没有确凿证据支持有关丧亲之痛的这些理论。我和我的同事在大量的实例研究中，发现了一幅完全不同的哀伤景象。

研究中始终一致的发现之一是，丧亲之痛并不是单面向的体验，它是因人而异的，似乎也并不存在每个人都必须经历的特定阶段。相反，随着时间的推移，丧亲者逐渐显示出不同的哀伤反应模式和轨迹。三种最常见的反应模式如图1所示。有些丧亲者深受慢性哀伤反应之苦，亲人的离去摧毁了他们，他们发现自己无法从这种巨大的痛苦中回归正常的生活状态；更为不幸的是，对某些人来说，这种挣扎状态甚至要持续数年。另外一些丧亲者经历了更为平缓的复苏过程，他们在遭受剧烈的打击之后慢慢收拾残局，并开始恢复正常生活。

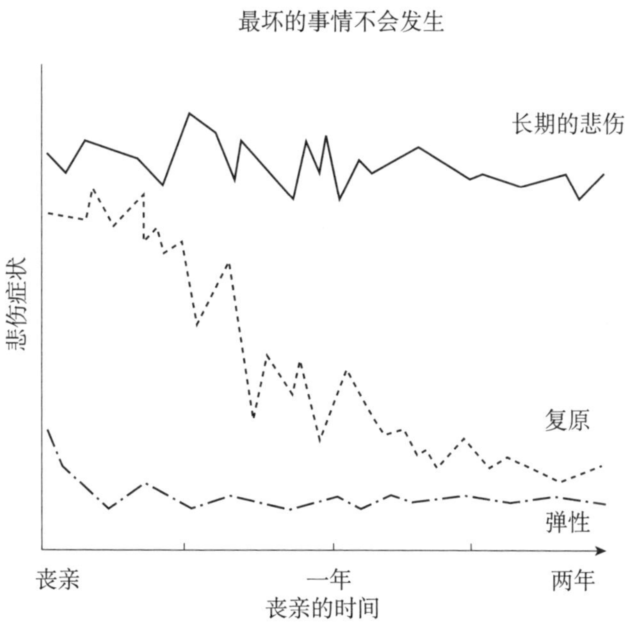

最坏的事情不会发生

图1 三种最常见的悲伤反应模式

注：选自乔治·A·博南诺发表于《美国心理学家》杂志的文章《丧失、创伤和人类复原能力：我们低估了重大创伤性事件后人类茁壮成长的能力吗？》，载《美国心理学家》，59期，20~28页。

可喜的是，对于大多数人来说，哀伤并不是势不可挡和永无止境的。丧亲的痛苦令人恐惧，但大多数人都有很强的复原能力。实际上，我们中的某些人如此有效地应对着哀伤，似乎不想错过生活中的任何一个细节。我们可能会因为一次丧亲而感到震惊，甚至受到伤害，但我们仍然尝试着恢复平静，继续前行。丧亲过程的痛苦和悲伤是毋庸置疑的，但除此之外还有更为广泛的意义，其中最重要的是，丧亲之痛是一种与我们的生命息息相关的人生经验，它存在的目的当然不只是为了击垮我们，而我们应对哀伤的反应似乎旨在帮助我们更快地接受丧失，以便继续开展富有成效的生活。当然，复原能力并不意味着每个人都能完满地解决丧亲带来的问题或者找到一种"终止"的状态，即便是复原能力最强的人似乎都多少有一些因怀念而产生的悲伤，生活依然继续，我们对周围存在的一切的爱意历久弥新。

我的研究还表明，丧亲之痛并非狂飙一般的突击运动。当然，悲伤是哀伤的很大一部分，关于悲伤我将在第三章详细探讨，例如，我将解释为什么在亲友丧失中我们会如此深刻地体验到悲伤，以及因何缘由这悲伤也在帮助我们应对丧亲。我还将揭示丧亲者能够体验真诚愉快的感受，即使在亲人离世几天或几周后的早期，遇到欢乐的时刻也有欢笑或放纵的权利。早期的文学作品倾向于掩盖丧亲者这一举动通常被视为回避或否认范例的积极体验，而我的研究结果对此持相反的意见。积极体验不仅是正

第一章 最糟的事总会发生

常的，而且对他人往往也有积极的影响，甚至有可能帮助丧亲者更快得到恢复。

这本书的关注点更多地集中在丧亲者的自然复原能力上，同时我也不想把有些人丧亲之后巨大的痛苦体验最小化，通过兼顾剧烈伤痛和健康坚韧的视角，真实地看待这些极端反应之间的强烈对比，从而更好地审视为什么有些人更容易受到伤害，然后如果可能的话，从中找寻帮助他们的方法。

我们对所有哀伤反应一览无余地全面审视后发现，通常人们更愿意陷于悲伤中，而不是从中恢复过来并继续前行。丧亲之痛对任何人来说无疑是一种力量强大的体验，哪怕是复原能力最强的人有时也会因此极大地改变人生观。正常情况下，我们中的大多数人每天忙碌奔波，对有关生、死和其他诸如在宏大的宇宙运行机制中我们来自何方、我们身在何处这类令人困惑的存在性问题很少触及，似乎那些问题和我们没有丝毫关系。亲人的去世往往把诸如此类的存在性问题展现在我们面前，至少暂时让我们从更宏大的视角看清我们生活的大千世界以及自身所处的位置。

丧亲的人们时常对已故亲人的去向感到疑惑，他们就这样消失了吗？或者他们可能仍然以另一种形式存在着？很多丧亲者实实在在体验到与已故亲人间有一种类似持久黏合剂般感知强烈的连接，仿佛亲人们还活着，正从另一个真实的世界和自己交流。这种体验带给人的安慰是妙不可言的，但建立在科学客观性基础上的西方文化规范却又令他们深感不安。

在一些视与已故亲人保持联系为司空见惯之事的地区,如果不是由于文化本身结构性的原因,这种思维上的混乱并不多见。例如,在墨西哥和非洲的一些地区,丧亲者参加一种允许逝去亲人返回现实生活的古老仪式;在中国和其他亚洲文化中,基于与死去祖先例行交流的典礼仪式已延续了数千年,尽管经历了政治动荡和经济文化全球化的发展,这种传统一直持续到今天。

如果我们试图在其中加入一些文化元素,会怎么样呢?在新文化中融入一点旧传统,又会怎样呢?在第十章和第十一章中我将陪同读者做一次环球旅行,共同探讨这些问题。

不过在出发旅行前我们需要从头开始,先看看在西方文化环境下,面临重要人物的死亡究竟会发生什么。

注释:

1. T. Holmes and R. Rahe, "The Social Readjustment Scale," *Journal of Psychosomatic Research* 11 (1967): 213-218.

2. J. E. Miller, *Winter Grief, Summer Grace: Returning to Life After a Loved One Dies* (Minneapolis, MN: Augsburg Fortress, 1995), and J. E. Welshons and W. Dyer, *Awakening from Grief: Finding the Way Back to Joy* (Novato, CA: New World Library, 2003).

3. C. Wortman and R. Silver, "The Myths of Coping with Loss," *Journal of Consulting and Clinical Psychology* 57 (1989): 349-357.

第二章　历史点滴

孩子的死亡是一种不可想象的丧亲事件，因为其违背了自然的先后秩序，孩子们应该比他们的父母活得更长久，而不应该与之相反。凯伦·埃弗利也没有理由怀疑这一点对她来说会有什么不同的意义。她和她的丈夫曾经是一对很好的父母，他们的孩子健康成长，非常优秀。他们十几岁的儿子，布莱德利，正潜心学习艺术，他自信满满，才华横溢，不久将进入大学深造；克莱尔，他们的女儿，几年前大学毕业后从事金融工作，事业正一步步地走向成功。然而突然，克莱尔离开了。

克莱尔死去的那一天，不仅对凯伦·埃弗利，甚至对成千上万的人来说都像是一场噩梦，那一天是 2001 年 9 月 11 日。凯伦·埃弗利是在去曼哈顿上班的路上听到这个消息的。克莱尔的工作地点在被第一架飞机撞击的世贸中心南塔的高区，显然从一开始，她就注定没有幸存的机会。

克莱尔的突然离世使凯伦完全震惊，得到消息的那一刻，她感觉心脏猛地一沉，顷刻间淹没在永不见底的大海深处。她仿佛听见她的生命倏地从身体里冲了出去，剩下的只有毫无生息的沉默躯壳。一切消散后的空无让她失魂落魄又茫然失措，她几乎难以分辨出真假虚实。她告诉我，9·11事件几个星期后的某一天，她独自一人站在朋友位于18层的公寓阳台上眺望这座城市，体验到了上帝神圣的存在，就像光芒般轻轻围绕在她身边。就在那一刻，内心一个坦然而又清晰的念头吸引了她的全部注意，那个念头告诉她，只要从阳台纵身跳下，像鸟一样自由地落到地面上，上帝就会把女儿带回到她的身边。上帝在她耳边轻声地述说，她确定自己听得非常真切。她只要像那样死去，就可以修复整个宇宙的伤痕。她马上感觉心跳加速，双颊发烫，赶紧从阳台边退了回来。

凯伦·埃弗利并没有听从那个声音，事实上她也没有做出什么出格的举动，相反却展现出了强烈的责任感。

第一次见到凯伦，我面前所见俨然是一位诸事都已料理妥当的人，她泰然自若的风度给我留下深刻印象。她穿着得体，全身洋溢着自信的光芒，尽管仍被悲伤围绕着，但她思路清晰，谈吐简洁清晰而有力。凯伦个人能力很强，供职于一家大型公司，从事管理工作，她是那种具有非常丰富的实践经验的领导者，她和自己的手下保持着良好的关系，并以此为傲。尽管9·11恐怖袭击让她失去了心爱的女儿，饱受着丧亲的痛苦，但一切都没有改变，在事情过后不到一周，她就回到了工作岗位。"这是我必须做的，"她告诉我，"同事们需要我。"

第二章 历史点滴

克莱尔死后，凯伦有意让自己忙碌起来。她发现亲自处理葬礼有关的细节让她甚觉安慰，她为家人和朋友安排了一个私人悼念活动，并且以克莱尔的名义在她从小生长的社区组织了一次公开活动，希望人们铭记她短暂而光辉的一生。整个过程中埃弗利家族的人和朋友们接二连三地前来表达问候，作为女主人的凯伦对他们的到来表示欢迎，这有助于她暂时忘却痛苦，重新找回现实生活的归属感和真实意义。

凯伦首先决定不再让悲伤阻止她继续完成自己的人生使命。"嗯，我没有看到自己的生活有任何变化，我想我的一生依然会按应该的样子继续着。我和克莱尔都非常喜爱狗，我们一直打算开一家小小的养殖爱犬的狗舍，我想我仍然会坚持这样做，我感觉我对小狗的喜爱不会因为没有克莱尔而改变。因为她和我心灵相通的那部分生命知道她是那么喜爱动物，几乎是所有的动物，尤其是狗。但我相信，你知道的，如果我先于她而死，她也会毫不犹豫地经营一家狗舍，她会告诉她的孩子们她的母亲有多么爱狗。所以，我确信我们，现在是我，会坚持这样做的。"

她继续向我描述了作为人生使命一部分的、她一生中将会坚持不懈的其他事情。她失去了唯一的女儿，但她还有丈夫和儿子，况且她的儿子才刚刚开始上大学。她坚信她能继续承担起照顾家庭的责任，未来的生活必然充满着欢乐。"我们的生活确实因此发生了极大的改变，一切都和从前不一样了。从某种程度上

说，因为这次经历，对于如何与人相处以及如何为他人着想，我有了更深的感触，也有了更为深刻的觉察能力，从而可能会让我不断成长为比失去女儿前更好更完美的人。"

有什么理由能让我们对凯伦的话表示怀疑的呢？也许这只是某种形式的否认：用乐观的外表掩盖深深藏匿的痛苦。克莱尔死后不久凯伦马上重返工作岗位，她真的是去工作的吗？或许她真正想要做的是隐藏痛苦。她所谓的人生使命感以及因之而行的一系列活动又是什么？是对生活的尽情拥抱，还是试图避免直面克莱尔的死带来的无处可逃的空虚绝望？

在悲剧性的死亡面前，把这些怀疑当成一种娱乐是不合情理的。人们在丧亲后不得不忍受的痛苦程度难以想象，更不用说经历这种丧失后把痛苦置于一旁继续生活的可能性。

如果凯伦是在否认，那必然并非效果显著的否认。在克莱尔死后三个多月，当我第一次对她进行访谈时，凯伦由于明显的丧亲刺痛而毫不掩饰地放声哭泣，但同时她仍然能够敞开心扉谈起克莱尔和她的离去，无论被问及多么尖锐或直指内心的问题，她似乎从不回避。更为重要的是，通过详细的临床评估后，所有的证据都指向一个结论，那就是凯伦调整情况良好，她的健康状况是不可否认的。

弗洛伊德曾经被问及，一个正常的、健康的人应该会做些什么，他经常被引用的著名的回答是"爱和工作"[1]。凯伦将两者完美地结合,即使在丧亲最初的几个月,她也能集中注意力,完成工作;控制情绪,正常寝食;她与朋友和邻居们,与同事们,尤其是与她的丈夫和儿子良好互动,相处融洽。当然,她还是时常想起克莱尔,时不时会陷入悲伤中,但这种情形总是能够预测和适度控制的。大多数情况下,只有在一天即将结束,她和丈夫亲密交谈或是独自安静思考,感觉自己能够承受这种负担时,她才允许那道悲伤的情感闸门打开,尽情抒发内心感受。当她有事需要处理时,她总能忘记克莱尔的死而专心做好手头的事情;换句话说,尽管女儿的早逝令她深感痛苦,但她总体上应对得相当不错。当然偶尔也有突发事件和情绪剧变,特别是在克莱尔死后的那几周,但凯伦几乎总能设法让自己的生活保持常态,她正极力超越丧亲带给她的灾难。

故事就这样结束了吗?嗯,还不完全是。无论丧亲者看起来调整得如何好,无论他们重新开启正常的人生轨迹有多快,我们都难以抑制对他们的怀疑。丧亲研究专家把这种疑虑变成需要精雕细琢的工作,我们似乎颠倒了"举证责任",罪犯直到被证明有罪前是无辜的,但丧亲者在被证明健康前却一直在忍受着痛苦。

为什么有如此多的怀疑?它们都来自哪里呢?

哀伤宣泄的奇妙理念

1917年,弗洛伊德发表了一篇有关哀伤和抑郁对比的论文。[2]

他对这两种痛苦明显的相似之处很有兴趣，观察到抑郁症和丧亲之痛都涉及对丧失之物的渴望[3]，但两者在某些重要方面却有着很大差异。尽管丧亲之痛和抑郁症都令人痛苦，但丧亲之痛的病理状态往往容易被忽视，因此弗洛伊德猜想痛苦必然是正常哀伤过程的组成部分，也是"哀悼工作的重要部分"。看似简单的"哀悼工作"，却注定会对未来人们如何看待哀伤的过程产生巨大的影响。

在弗洛伊德看来，哀伤疏导涉及将我们投注在已故亲人或者通常所说的"不存在对象"上的心理能量的收回。[4]他认为促成我们与另一个人形成心理链接的原因是一种原始的情感纽带，也就是他所说的"力比多"，这种驱动力驱使我们对于一切我们所关心的事物产生反应，其中当然也包括性。但力比多不仅限于性，人们对其的局限认识源于狭隘的需求。我们每个人内在的心理能量是有限的，当我们将其投注于某个人后就不能关注其他人，我们必须有效地使用这种能量。在弗洛伊德的心理结构理论中，至爱之人的死会产生痛苦，不仅是因为在心理能量减少的情况下，大脑功能运行不良，而且还因为我们陷于对逝去之人的持续渴望中。弗洛伊德认为这种状态会一直持续下去，直到完成必要的哀伤宣泄，并将投注于已故亲人的心理能量悉数收回。

弗洛伊德应该将其称之为"常规哀悼"或"任务性哀悼"，甚至"顺从性哀悼"，但他选择了更为隐晦的表达方式，因为他

第二章 历史点滴

相信一旦人们对某个人或某个想法投注了心理能量,这种连接真的就像胶水一样让人无法松手。弗洛伊德发现当至爱亲人死后,人们发疯似地抓住与其相关的记忆,从而"转身逃离随之而来的现实情境"[5]。这种反应几乎如同幻觉一般,丧亲者似乎不能够也不愿意接受亲人已逝的现实,幻想着离去的那个人可以如其所愿重返人间。琼·迪丹在她的畅销回忆录《奇想之年》中描述了这种渴望:"我像天真的孩子般认为,我的想法和愿望似乎能够扭转事实,改变结果。"[6]

在弗洛伊德看来,摆脱让死者生还的渴望,收回与其连接的心理能量唯一的途径,是努力回溯"使力比多与目标物绑定的每一个细小的记忆和愿望"[7]。弗洛伊德认为对有关死者的所有记忆、所有愿望、所有思念和所有期待的回溯是很有必要的,当然他也知道这个过程是需要时间的,必须"一点一点地"进行,而且是"极其痛苦的"。但他认为这是剪断与死者的纽带、摆脱力比多影响而继续前行的唯一方法。

如果弗洛伊德的说法是正确的,那么我们对凯伦·埃弗利的心理健康状况的任何怀疑都是有道理的,看似完美无瑕的健康表现肯定只是一种假象,她不可能在这么短的时间内完成"哀悼工作",她所展现的只能是一种隐藏的悲伤,迟早有一天,她将不得不完成哀伤宣泄,并进行一次真正意义上的哀伤处理。她或许可以维持这个状态很长一段时间,一年、两年,或许更长,但最

终她将不得不面对这一切。

尽管语言是古老的，可是对于哀伤宣泄的理念确有一定的感染力。丧亲者时常对已故亲人有深切的渴望，近似幻觉的体验并不少见，比如突然瞥见一个人像是已故的妻子，或听见走廊里的脚步声而暂时忘记了刚去世的丈夫不可能回家，这些事实都证实了我们能投注于亲密关系的能量是十分有限的这一理念的正确性。我们不能到处和遇到的每个人都建立密切的私人关系，这是很耗费精力的，所以我们节制情感的投资，通常都选择家人、朋友和爱人。[8]

然而弗洛伊德关于哀悼的思想有种出奇的不一致性，在所有由他的理论引起的公开争论中，弗洛伊德俨然是一位谨言慎行的理论家，只有在有关丧亲之痛的问题上是个例外。弗洛伊德关于哀伤宣泄的著作一反常态地形式松散，几乎可以用"随意"来形容。他承认了这一点，当他介绍自己的哀伤宣泄理念时，弗洛伊德补充了有关他思想本质中推理性阐释的免责声明。[9]事实上，弗洛伊德从未特别说明所谓情感纽带的运行机理，以及在经历丧亲之痛时必须解脱的理由。"哀悼工作"的理念是模糊的、理想主义的。只需回顾与已故亲人有关的所有记忆和思念就能够收回投注在他们身上的心理能量是再好不过的了，就像人们整理装有曾经喜爱的旧物件的抽屉一样，清扫整理并丢弃就万事大吉了。唯一的问题是，我们的精神生活几乎是无限的，清理的工作也是任

第二章 历史点滴

务巨大的。

从弗洛伊德时代以来,我们对记忆和情感纽带的理解已走过了漫长的道路。从我们现在所处的角度来看,弗洛伊德所认为的正常哀悼过程可能会达到相反的效果,其结果更倾向于强化与已故亲人的情感链接。对人物和地点的记忆不是我们头脑中的真实物体,而是一组蛇形的神经元簇,通过支路系统遍布整个大脑,记忆的强度取决于神经元的连接状态,也就是与其他想法和记忆的链接,对记忆的阐述越详尽,就越容易找到对应的神经元位置。

虽然我们不能抹去记忆,但可以逐步削弱它[10],然而方法就是尽量不去想,直白地说就是忘记它,直到它不再流转于我们的意识层面。当某个东西我们很长一段时间不去思考,虽然其在神经通路上的痕迹还在,但其他的记忆和思想会逐步掩盖它,其在神经网络上的位置会越来越模糊,最终难以找到,从而阻止对其的检索。不过对于丧亲之痛采用这种方法所产生的问题是,很难不再想起最近死去的亲人这样重要或易唤起情感的事件。实际上,记忆的逐渐模糊通常需要几年的时间,对于和至亲相连的如此强烈的分支记忆,甚至终身难以泯灭。我们不能人为加快这一进程,当我们刻意不去想,最终反而会使记忆更清晰并易于注入心灵深处。[11]

如果我们像哀悼"宣泄"规定的那样仔细思考,或者反反复

复考虑一些问题，结果将会怎样呢？这也会使我们对已故亲人的记忆更容易进入头脑，占据我们的意识。对于越是高频占据我们头脑的东西，我们越是倾向于加强与之相关的神经通路。当我们同时思考不同的观点，我们强化的是观点间的相互联系以及联系的不同路径。最可能的结果是，回顾与已故的亲人密切联系的"每一个细小的记忆和愿望"会让这些连接更加牢固。

弗洛伊德从此不曾扩展其对哀伤宣泄的初步理论，他也从未再仔细思考过丧亲之痛。尽管弗洛伊德只是短暂涉足哀伤宣泄治疗，但这个理念引起了关注，不过使其引起广泛关注的不是弗洛伊德本人，而是他的继承者们。[12]

更古怪的见解：哀伤不足

大约在弗洛伊德首先思考哀伤宣泄问题20年后，他的一个精神分析流派后裔，海伦·多伊奇，发表了一篇承续古老标题"哀伤不足"的论文[13]。文章中，多伊奇描述了她对四名接受治疗的患者的观察，每个患者都患有原因不明或事由不清的看似神秘的病症，比如，其中一名患者受到"没有足够刺激却不时强迫性哭泣"问题的困扰，另一名来治疗"非显性神经过敏"的患者无法体验自身情感，对生活各个方面都了无兴趣。多伊奇从她对患者的分析中得出的结论是，这些症状只能被解释为"哀伤不足"。

第二章　历史点滴

虽然没有确凿证据证明其中的关联，但是多伊奇认为她的患者没有完成哀伤宣泄的过程，造成他们来接受治疗的问题是无法释怀的悲伤反应的延迟表达。

这个理念的总体思路源于传统精神分析方法中的通用元素。潜意识看起来是原始的，但却是自主和充满智慧的，像住在我们内心的一只聪明又幼稚的小兽。当我们无视潜意识的存在，自然就相安无事，但潜意识总要找寻适当的方式来表达其需求，其钟爱的模式甚至相当隐蔽。当这种潜意识的观点与哀悼是必要环节的想法相结合，痛苦就变成了一种带有自我意愿并且只有自己听到的内在心理需求。

乍一看，多伊奇的描述似乎不太可能会产生持久的影响，仅仅以对四名患者的观察结果作为具有如此挑衅性理论的基础实在是微不足道，多伊奇也许只是做了一次试探，或许她捉襟见肘的解释只能被视作治疗失败的补救。亲人逝去是自然规律，因之而产生的丧亲之痛并不罕见，在几乎所有患者的过往人生中都潜伏着类似经历。这些患者早期缺失与目前无法解释的症状之间的联系为案例的解释打开了方便之门，并为精神分析治疗奠定了理论基础，但这种联系都基于主观臆测，难以证实，然而这些小细节似乎并不重要。多伊奇的论文其实自出版后可以说已成为经典，当时的心理健康研究领域普遍认为精神分析是渗透至人类心灵最深处的首选方法，没有任何研究可以驳倒多伊奇的说法。

尽管如此，如果不是几年后另一篇论文的发表，哀伤不足的理念可能还不会从所谓的学术垃圾箱里消失。1944 年，美国精神病学家埃里克·林德曼发表了后来常被业界认为是首篇研究和探索丧亲之痛且具有里程碑意义的文章。林德曼[14]不仅对更为广泛的丧亲者群体进行研究，而且群体中许多人是耸人听闻的 1942 年波士顿椰子林俱乐部火灾的幸存者。发生火灾的那天晚上，俱乐部挤满了参加哈佛—耶鲁足球对抗赛的人，当时的场面乱糟糟的，火灾造成近五百人丧生。这是一件令人恐怖的事件，当然也使得林德曼的研究工作引起了大众的非议。

林德曼毫无例外地受到所处时代的理论的局限，认为哀伤是一个医学范畴的问题，他支持多伊奇首次提出的哀伤不足的理念，但林德曼还有进一步的想法，他不仅认为心理问题可以追溯到更早的、无法释怀的悲伤反应，还认为表面看起来对丧亲的健康反应也是让人怀疑的。林德曼认为无论丧亲者表现得如何健康，无论他们重新开启生活的程度如何，甚至无论丧亲之事发生在多久之前，一种隐藏的、无缘由的悲痛之情可能仍然潜伏在他们的潜意识里。

这个大胆的推测到底有什么根据呢？出人意料的是，推论毫无凭据。林德曼所能做的就是让一群丧亲者聚集在一起，逐一与他们进行会谈，然后总结他的"心理学观察"。他的研究没有任何特别的目标，也没有取得任何足以证明他的推论的证据。

我们谈论这些与今天应该如何做调查研究没有关系。发展心理学理论中我们如此依赖研究证据的原因是，它可以提供一个相对客观的画面，让我们对正生活在其中的"心理真相"能有所了解。今天的研究人员竭尽全力演示他们所使用的测量方法，并证明应用这个方法观察后发表的言论是可靠的；也就是说，不管谁使用这些测量方法，每一次的结果将是相同的。还有很重要的一点是，对研究所用的方法的描述尽可能详细，以便其他研究人员评估研究质量并复制研究结果，确保其有效性。林德曼并没有遵循这些规则，因此我们也就无法知道他的观察是否准确。

50年后，研究人员开始着手对延迟哀伤的问题进行检验，此时的证据标准发生了变化，使用可靠有效的测量方法对延迟哀伤的新研究，没有找到任何支持其存在的依据。[15]丧亲后恢复正常的人们多年后依然健康，延迟哀伤似乎根本没有存在过。

哀悼的阶段

尽管有证据，或者我应该说证据不足，但哀伤不充分会导致延迟哀伤的理念已经成了一种文化假设。不仅大多数专业人士仍然支持这个想法，几乎每个人都相信有这么回事。尽管现代丧亲之痛的理论较之弗洛伊德、多伊奇、林德曼的早期文章描述得更加详细，范围亦更宽泛，但仍保留了哀伤是一项需耗费时日的工

程，且必须逐个阶段地经历方能全面康复这一传统观念。现代丧亲之痛理念只是将弗洛伊德关于哀伤宣泄设想的空白逐步填满，认为哀悼工作通常需要完成一系列任务或阶段。

也许其中最著名的是伊丽莎白·库伯勒·罗斯的哀悼阶段模型。[16]她认为丧亲者哀悼过程必须经历五个不同阶段：否认、愤怒、讨价还价、沮丧和最终接受。库伯勒·罗斯认为，每个阶段都是哀悼全过程的重要组成部分，大部分丧亲者必须承受每个阶段内在所固有的痛苦挣扎，才能顺利过渡到下一个阶段。

库伯勒·罗斯的模型实际上受到早期英国精神病学家约翰·鲍比的影响。[17]库伯勒·罗斯和约翰·鲍比提出的阶段理论的独特之处，是这两种理论都不是从与丧亲者相处过程中的观察和发现得来。库伯勒·罗斯终身致力于临终关怀工作，帮助晚期病患面对自己的死亡，通过对垂死患者的观察，形成了自己的哀伤宣泄阶段理论。但面对自己的死亡与面对亲人的死亡所引起的悲伤大不一样，虽然死亡和丧亲的悲伤之间有一些共性，这是可以肯定的，这个部分我们后续将进一步讨论，但在大多数情况下，面对自己死亡的经验模型似乎并不能指导人们如何更好地应对失去所爱之人。

鲍比的理念是从对孩子和照顾者之间依恋模式的详细观察得来的。20世纪上半叶鲍比提出并发展这些理论的同时，西方工业化国家的女性在医院分娩后住院一个星期或更长时间是司空见惯

第二章　历史点滴

的，因为大多数女性都生育了不止一个孩子，她们不得不为迎接新生儿的降生而与其他的孩子分开一段时间。鲍比观察到儿童对分离的反应似乎经历了一系列的阶段，最初的反应是抗拒，紧随其后的是愤怒、悲伤、绝望、退缩直至最终崩溃，于是他调整了观察结论以适用于他假定会有类似反应的丧亲成人，然而儿童与母亲分开同成人接受亲人死亡的反应方式没有必然的联系。

另外还有其他有关"阶段"理念的有趣说法：由于大量有关丧亲之痛的传统观点通常都没有相应实验证据的充分支持，阶段理念以其看待哀伤齐整有序的方式不可否认地具有吸引人的特性，它为正处于困难时期的人们提供了预期的安慰指导大纲。但是也有人担心阶段界定得不准确，可能会带来危险，最终也许会造成弊大于利的局面。

这一理念的主要问题是它容易导致与大多数人实际经历不相匹配，但却被认为是"正确"的刻板行为模式，其结果为质疑成功的哀伤应对提供了条件，当我们由于感觉某个丧亲者应对得太过顺利或恢复正常生活太快而对其产生怀疑时，只会令其更加难以承受痛苦。我听说过无数好心的亲人和朋友迫使原本已恢复健康的丧亲者寻求专业帮助，以便他们与内在隐藏的悲伤"取得联系"，其实大多数时候并不存在隐藏的悲伤。与死亡有关的挥之不去的问题，或由其造成的改变可能需要处理，但通常情况下悲伤来了便走，万物咸同此理。即便痛苦再短暂，但对人们来说有

效应对悲伤并重新投入生活同样需要假以时日。

茱莉亚·马丁内兹的经历是个丧亲者没有遵守预期的常规悲伤原则，从而引起毫无根据怀疑的实例。茱莉亚从大学回家过寒假，母亲像往常一样在厨房准备晚餐，一阵电话铃声响起，茱莉亚随后听到了母亲痛苦的哭泣声，原来她父亲在骑车下班回家的路上被车撞了，被送进医院重症监护室，生命危在旦夕。茱莉亚和母亲快速赶到医院，亲眼目睹了医务人员实施抢救，但最终失败放弃的全过程，她们为此感受到无与伦比的震惊。

"之后我就什么都不记得了，"茱莉亚告诉我，"除了不停地哭泣。"在接下来的几天，她刻意避开与母亲相处，独自一人长时间呆坐在自己的房间里。她担心未来的生活，担心家人会有什么意外，整夜整夜地无法入眠。哥哥从大学回家后，由于哥哥在身边茱莉亚觉得一切都变得简单了。茱莉亚和哥哥的关系一直非常亲密，在父亲去世后的几周里他们大部分时间都待在一起。有时安静地待着，偶尔外出走走，甚至也有意外的欢声笑语，暂时忘记了丧亲的痛苦。返校的时候到了，家里的亲戚们陆陆续续来看望并慰问母亲，他们都认为茱莉亚兄妹应该继续完成学业。

一回到校园，茱莉亚便忙于学习，并像往常一样与朋友们交往。朋友们想让她谈谈和父亲离世有关的感受，她总是予以拒绝，并表示宁愿像从前那样享受单纯的交往乐趣。接下来的几个月里，一切似乎都很顺利，茱莉亚说在此期间她总是强迫自己不

第二章 历史点滴

去多想父亲的死,但有时她也会感觉到难以平抑的悲伤和困惑,甚至忍不住号啕大哭。她说:"那时我主要是担心妈妈和哥哥的状态,他在学校的日子也很难过。"

那年暑假,茱莉亚回家后得到了一个在当地报社实习的机会,对新事物跃跃欲试的憧憬激发了她强烈的兴奋感觉:"我相信一切都会好起来的。"那天晚上,茱莉亚的母亲谈起对茱莉亚的担心,因为茱莉亚看起来似乎完全忘记了父亲,她不知道茱莉亚是否有意在否认自己的悲痛。

"也许你应该去找哀伤治疗师谈谈。"茱莉亚的妈妈面带犹豫和担心地说出了自己的想法。

"开始我认为她只是随便说说的。"茱莉亚告诉我,"但她一直坚持她的想法,我想我是难逃此劫了,我知道一直以来一旦母亲牢牢盯住什么事情,最终妥协的必然是我。"为了不和母亲对抗而让她太过伤心,茱莉亚同意接受哀伤治疗师的帮助。茱莉亚和治疗师的会谈前后持续了八个星期,但她对治疗过程的每一刻都非常厌恶。"他一直在询问我关于父亲、我们的父女关系以及类似的问题。我想你知道,我在大学里也学过一些心理学方面的知识,我并不是弱智,当然能看出他在暗示什么。"茱莉亚告诉我她努力"与治疗师合作",但她大部分时间感到无聊,并且有种很不情愿被打扰的感受。她从内心深处对父亲的爱是深沉而真挚的,这一点她自己确信无疑,而治疗师不断对她与父亲关系的调查问询引起了她强烈的反感。治疗面谈的约定期结束，征得了母亲的同意后，茱莉亚停止了治疗。

茱莉亚对她不适应的治疗方法产生怀疑是明智的，她母亲默许茱莉亚停止治疗可能也是明智之举。心理治疗对于适当的问题和人无疑是有益的，但以我的经验来看，哀伤"不足"的问题很少需要心理治疗，甚至这根本不能被视作问题。

和茱莉亚·马丁内兹一样，许多遭受丧亲苦痛的人通常表现出本能的复原力。他们体验到的丧亲之痛可谓痛彻心扉，但伤痛会自行消散，不久后他们开始恢复机能，重新享受生活乐趣，当然这也不是放之四海而皆准，并不是所有的丧亲者都能如此幸运地完美应对，稍后我们将会继续讨论其中较为严重的问题。现在我们继续关注大多数丧亲者在没有任何形式的专业帮助的情况下，只凭自身能力自然康复的经验事实。他们霎时间落入悲伤之河，并浸淫其中而随波逐流，但最终再次找到了生命的方向，而且往往比他们想象的更加容易。这就是悲伤的本质，也是人类的本性。

注释：

1. E. Erikson, *Childhood and Society* (New York: Norton, 1950): 264.

2. S. Freud, "Mourning and Melancholia," 最初发表于：*Zeitschrift*, vol. 4, 1917. 后来转载在：*The Standard Edition of the Complete Psycholog-*

第二章 历史点滴

ical Works of Sigmund Freud, vol. 14, ed. J. Strachey (London: Hogarth Press, 1917—1957): 152-170.

3. M. Bonaparte, A. Freud, and E. Ernst, eds., *The Origins of Psychoanalysis: Sigmund Freud's Letters* (New York: Basic Books, 1954): 103.

4. M. Bonaparte, A. Freud, and E. Ernst, eds., *The Origins of Psychoanalysis: Sigmund Freud's Letters* (New York: Basic Books, 1954), 166.

5. M. Bonaparte, A. Freud, and E. Ernst, eds., *The Origins of Psychoanalysis: Sigmund Freud's Letters* (New York: Basic Books, 1954), 154.

6. J. Didion, *The Year of Magical Thinking* (New York: Knopf, 2005): 35.

7. Freud, "Mourning and Melancholia," 54.

8. R. Kurzban and M. R. Leary, "Evolutionary Origins of Stigmatization: The Functions of Social Exclusion," *Psychological Bulletin* 127 (2001): 187-208, and J. Tooby and L. Cosmides, "Friendship and the Banker's Paradox: Other Pathways to the Evolution of Adaptive Altruism," *Proceedings of the British Academy* 88 (1996): 119-143.

9. 在论文的前言中,弗洛伊德提醒人们,"我们的资料仅限于少数个案","结论一般有效性的任何断言一开始都应当放弃"。弗洛伊德在论文正文中也承认对其有关哀悼理念的任何异议"不可能"给予回应,"我们甚至无法知道哀悼工作能通过什么经济措施而得以顺利开展"。(166 页)

10. L. R. Squire and E. R. Kandel, *Memory: From Mind to Molecules* (New York: Scientific American Library, 2000).

11. R. M. Wenzlaff and D. M. Wegner 在工作总结中写道,"思维抑制的

奇异效果在 Daniel Wegner 和他同事们的研究中有据可查。" R. M. Wenzlaff and D. M. Wegner, "Thought Suppression," *Annual Review of Psychology* 51 (2000): 59-91.

12. J. Archer, *The Nature of Grief: The Evolution and Psychology of Reactions to Loss* (London and New York: Routledge, 1999).

13. And Helene Deutsch, "The Absence of Grief," *Psychoanalytic Quarterly* 6 (1937): 16.

14. E. Lindemann, "Symptomatology and Management of Acute Grief, *American Journal of Psychiatry*" 101 (1944): 1141-1148.

15. W. Middleton et al., "The Bereavement Response: A Cluster Analysis," *British Journal of Psychiatry* 169 (1996): 167-171; G. A. Bonanno and N. P. Field, "Examining the Delayed Grief Hypothesis Across Five Years of Bereavement," *American Behavioral Scientist* 44 (2001): 798-806; and G. A. Bonanno et al., "Resilience to Loss and Chronic Grief: A Prospective Study from Pre-Loss to 18 Months Post-Loss," *Journal of Personality and Social Psychology* 83 (2002): 1150-1164.

16. E. Kübler-Ross, *On Death and Dying* (New York: Routledge, 1973), and E. Kübler-Ross and D. Kessler, *On Grief and Grieving: Finding the Meaning of Grief Through the Five Stages of Loss* (New York: Simon & Schuster, 2007).

17. J. Bowlby, *Attachment and Loss*, vol. 3, *Loss: Sadness and Depression* (New York: Basic Books, 1980).

第三章　悲伤和欢笑

如果悲伤对人毫无作用，那么它的存在是为了什么？

罗伯特·尤因认为他找到了答案。我们初次见面时，罗伯特已经五十开外了。作为一名事业有成的广告经理，他的穿着高端大气，品味不凡，但略微富态，而且头发凌乱，显得漫不经心，但总体上给人的感觉似乎很协调且舒服。通过对罗伯特的了解不断深入，我感受到他待人亲和友好，而且很善于交谈，在他空闲的时光我们共同体验了交谈的乐趣。

在我和罗伯特相约进行面谈几年前，他就已经失去了双亲。他父亲最先离开人世，他父亲去世前经历了丰富又充实的一生，但最终因心脏衰竭而亡。尽管罗伯特亲眼目睹了那一天慢慢来到面前，但当真正经历人生第一次如此重大的丧失时，巨大的悲伤迎面袭来，还是压得他透不过气来，当然还有对未来生活可能面对的某种无法确定遭遇的莫名的担心和害怕。但悲伤持续的时间不长，太多其他需要顾及的大事小情分散了他的精力，首当其冲的是父亲去世后要独自生活的八十多岁的老母亲，她的生活需要料理和安排。虽然罗伯特的妻子便利时偶尔会顺道去看望他母亲，但照顾母亲残年的大部分责任必然落在罗伯特肩上。另外还有三个孩子要占据他一部分精力，虽然孩子们都已完成了学业开始独立生活，而且他们似乎各方面都表现不错，但罗伯特这位一直尽职尽责的父亲，理所当然与孩子们保持着密切联系。罗伯特还与他的妹妹凯特来往甚密，他特别喜欢她的两个还年幼的儿子。

三年后，罗伯特的母亲也去世了。父母的相继离世让他开始思考自己的死亡，然而，思考的过程是平静的，悲伤也不是铺天盖地那般难以忍受。"父母注定有一天会老去，我们都知道这是必然要发生的。"他告诉我，"想到这些时常令我倍感伤心，但似乎更多的时候因为父母俱丧，我为自己的人生感到遗憾。我想我自己能够克服，而且我也必须做到这一点。"他解释说，"我有妻子，我的孩子们也都很优秀，还有我的妹妹凯特和她的家庭，尤其是那两个可爱的男孩。我们相处得非常好，经常举办家庭聚会之类的活动以便有更多的时间在一起。你知道，每个人都是那么健康，我们很幸运能像现在这样生活在一起。"

然而所有的幸运之路总有走到头的时候，就在母亲去世后一年多，凯特被诊断出患有恶性脑肿瘤。这消息就像晴空霹雳一般令罗伯特震惊，他发誓要不惜一切代价治好妹妹的病。他义无反顾地投身于与病魔的战斗中，不停地打电话了解最新的治疗信息，研究各种可选择的治疗方法，哪怕只有战胜癌症的一线可能，罗伯特都会想尽办法找到并带着妹妹去尝试，但一切努力都

第三章 悲伤和欢笑

已经于事无补,凯特在确诊六个月后不治而亡。

凯特走后最初一段时间,罗伯特简直不知所措。"你知道,一切都无法解释。凯特曾是那么真实地存在过,她曾经精力充沛又充满魔力,无论走到哪里,一切都会因她而改变。但眼看着她就像一块磁铁慢慢消失了磁性,生命之水似乎从她的身体中渐渐流失殆尽,她就如同枯槁般显得毫无意义,让人简直难以置信发生在她身上的一切。"

凯特逝世后的几天,罗伯特的生活仿佛落进了万籁俱寂的世界里,无声无息。凯特确确实实是走了,罗伯特再也没有在深夜接到她打来的电话,虽然以前他有时还觉得受到了打扰;他再也无法默默欣赏并享受着她精心策划家庭聚会的完美创意;他再也无法故意挪揄和取笑她以活跃聚会的气氛;他再也无法和她一起开怀畅饮,放肆地大笑。这一幕幕场景变成了一段段回忆,好似回荡在空谷里的余音越来越远。

罗伯特·尤因发现哀伤的关键要素之一是强烈的悲伤感受,众所周知哀悼时感到悲伤是人之常情,但我们通常都视其为一个抽象概念和一小段信息。直到我们有过设身处地的深刻丧亲经历后,才能真正知道这种强烈的悲伤是如何穿透我们的生命,又是如何地包罗万象和深不见底。罗伯特以前从未感受到这种悲伤,它既不同于父亲的去世,也不同于母亲的离去,虽然他也曾为双亲的死亡而伤心落泪过,但他知道父母终究有离开人世的一天,他已提前有所准备并且能够接受随之而来的伤痛。但凯特的离世却令罗伯特彻底崩溃了,他满脑子都是凯特"温柔的面容"和"闪烁的眼眸"。他觉得自己仿佛"淹没在悲伤里",他第一次体验到如此难以排解的伤痛,"我想我的心都碎了,不知道还有什么会让人如此心痛。"

神学家把哀悼之痛比作"内心的废墟"[1]。凯伦·埃弗利的女儿死于9·11恐怖袭击,她的悲伤是不可思议的寂静无声,她的心好像静静地被撕成了两半。希瑟·林德奎斯特失去丈夫后的悲伤感觉非常沉重,她让自己忙碌起来,似乎她过多地和忧伤接触,就会被挤得粉碎。茱莉亚·马丁内兹无法用言语表达并适当应对父亲死后她所承受的痛苦,当我追问她时,她只是摇摇头说,"这就是悲伤,只是普通的悲伤。"

* * *

每个人似乎都同意悲伤主导着哀悼的过程,但其原因是什么呢?为什么我们会悲伤?为什么悲伤是人性的自然反应?它又有什么益处呢?在抵达旧金山开始丧亲之痛研究之前,这些问题就深深埋在我心里,当我的研究没有什么意外新发现时,令我疑惑的问题就会不时浮现在脑海里。在起身奔赴旧金山时,同事向我介绍了一位名叫达契尔·克特纳的当地人,那位同事认为达契尔

第三章 悲伤和欢笑

或许和我有某些相似之处,而且他和我一样也把心理学研究当作毕生事业。抵达旧金山后我立刻通过电话安排了会晤,我想这或许是我一生中最重要的一次会晤。

初次见面达契尔给我的印象不太像是位科学家,他当时留着一头飘逸洒脱的金色长发,举止轻松随意,态度亲切友好,给人的感觉似乎更适合在家乡的湛蓝海面上冲浪,而不是埋头在教室或者实验室里搞研究。但接触不久我就发现他不仅外形非常迷人,而且是我所遇到的有着最为深刻而锐利思想的人。

达契尔当时正和现代情绪研究先驱保罗·艾克曼一起工作,艾克曼的研究改变了心理学家一贯思考情绪的方式。从有关的主要研究资料来看,心理学家通常将情绪当作背景,他们认为情绪是原始自发产生的,是人类需要加以控制的古老动物大脑的退化痕迹。艾克曼的研究改变了这个看法,他认为情绪不只是一种原始的单纯烦恼,而且是不断变化且异常复杂的,更为重要的是其对人是大有益处的。艾克曼认为人类与生俱来就拥有理解和沟通情绪细微差别的能力,我们表现出的不同情绪反应在行为各个方面都发挥着重要作用。[2]

我和达契尔彼此加深了解后,发现了很多共同的兴趣,于是便开始讨论研究项目上的合作,最后我们一致将研究焦点转向了丧亲之痛。我解释了我所了解的丧亲应对的不同阶段以及缓解哀悼的悲伤情绪的当前主导理论,并表达了我对这些理论所持有的个人意见：说实在的，这些理论在我看来似乎没有任何价值。达契尔向我灌输了一些情绪相关的知识，引导我了解情绪的运作机制，以及情绪研究的各种方法和发展方向。看起来我们似乎有太多东西可以研究，有太多的方向可以探讨，情绪在丧亲之痛过程中的运作机制几乎是一片空白，需要寻找答案的问题如此之多，真不知应该先从哪里开始，最后我们商议后决定从基础开始着手。

* * *

情绪是生活在不同文化背景中的所有人都拥有的本能反应，其似乎已沿着生物进化之链发展进化且传承了下来，虽然我们无法了解动物表达的自身感受，但达尔文早在150年前就已指出，并且今天许多宠物的主人也能证明，动物常常表现出的一些行为举止，至少从表面上看来有些类似于人类的情绪反应。[3]我们可能永远都不能清楚了解动物是否会有感情，但可以肯定的是在漫长的进化发展过程中，人类似乎已经在这些基本的动物习性基础上扩展和开发出了一套非常丰富和复杂的情感系统。

情绪行为心理学家研究认为，情绪的演变对人类生存是至关重要的。[4]或许我们认为今天的生活已经非常艰难，但扪心自问，我们生活的现代社会与远古祖先所面临的蛮荒世界相比实在是轻松

第三章 悲伤和欢笑

便利很多。数万年前的生活环境可谓每一天都潜伏着威胁生命的考验，且不说长期的食物缺乏，就算未被疾病或自然灾害置于死地，还有大型凶猛的食肉动物虎视眈眈。我想那时情绪的产生很有可能是为了帮助早期人类应对这种极度苛刻的自然环境。

当然今天的人类仍然面临着类似的挑战：与社会和他人和谐相处；为争夺资源而相互竞争；避免身体受到伤害；保护自身不受侵犯和照顾所爱之人，当然也包括如何面对丧亲之痛。

情绪对人类应对上述挑战的助益主要从两个方面来体现，首先我们能够"感觉到"情绪的产生，这看起来似乎平淡无奇，大多数人都认为这是理所当然的简单事实。情绪产生随即又消失了，人们时而愉悦时而悲伤，但通常不能确定究竟是为了什么。但是如果我们关注自身的情绪反应，那么很快就能从中了解到情绪变化所透露的我们周遭的世界到底发生了什么改变，以及我们对这些改变做出了怎样的反应。我们就以人类最强大的情绪之一——愤怒为例，当我们意识到有人试图骗取或夺走本该属于我们的财物，或者当我们受到威胁或被贬低时，愤怒便成为对我们具有保护作用的情绪反应，而愤怒情绪产生的关键要素是对利害人蓄意伤害我们的感知能力。[5]生气时我们先判断是什么人或者什么事会对我们产生威胁，伴随愤怒情绪我们的身体启动了一连串的生理反应，做好随时自我防卫的准备，接着我们集中思想并充分调动可用资源，心跳加快，肌肉紧张，鼻孔张大，呼吸加深，

039

氧气吸入量加大，简而言之，我们的身体处于高度警备状态，准备随时投入捍卫自我安全的行动中。

其次，尽管情绪对我们自身可能很有作用，但相比我们内在发生的变化而言，情绪还有着更为广博的含义。我们对他人的情绪表达也是大有裨益的，情绪表达的方式各式各样，但最突出和最成熟的表达是通过脸部完成的，人类已经进化发展出一套非常复杂的面部表情，涉及上百个独特的肌肉动作。为何进化过程会形成如此复杂精细的系统呢？必然是由于情绪的面部表达有其伟大的生存价值，那么价值又何在呢？

以愤怒为例，情绪表达的功能似乎是显而易见的。一个愤怒的表情快速有效地向别人传达出我们感受到了威胁的信息，更重要的是表达了我们正在对这种威胁做出响应。特别是我们生气时，常常咬紧牙关，紧闭双唇，这些表达情绪的元素可能是狗和与人类最亲密的灵长类动物经常表现的露出牙齿、做出威胁姿态这种原始动物反应的改版。表达愤怒本身可能具有挑衅性，但它也可能会阻止挑衅引发的交锋，有时只需向他人表达他的行为已经激怒了我们，就可能对问题的解决大有益处。[6]

另一个显著例子是表达厌恶的面部表情。当遇到像讨厌的味道或难闻的气味这类令人厌恶的事物时，除了实实在在地体验到令人恶心的感觉外，而且往往看起来也很令人厌烦，我们习惯性地面部扭曲而扮个鬼脸，几乎每个人都立即意识到了我们的厌恶。表面上看起来我们好像正试图驱赶什么东西：鼻子皱起，眉头紧锁，嘴角下垂，还常常张大嘴巴，有时伸出舌头好像要发出"该死"的声音。厌恶的表情如果断章取义地理解几乎充满幽默意味，但事实上它可能传递着生死攸关的重要信息。可以设想一下，当我们的灵长类祖先不停探究着周遭的世界，并试图寻找可以安全触碰或者摄取的食物时，他们是否可能碰到一些致病或有毒的奇怪东西，厌恶的表情瞬间可以引起同伴的注意并警示可能的毒性。相比之下，我们今天生存的世界已经没有了被陌生事物毒死的危险，但身边仍然有很多有害物质，不信你试着在纽约城市公共汽车上找到一个干净的座位！实验研究证明，厌恶的情绪表达容易引起他人的注意。[7]

悲伤的功能

当我们确信自己失去了某些重要的人或事物却又无能为力时，悲伤的情绪就随之出现了[8]，当然我们有时会将丧亲的原因归咎于某些人或事物，这样我们就同时感受到悲伤和愤怒的情绪，但最纯粹形式的悲伤本质上是无奈的放弃。

悲伤使我们将注意力转向内在以便可以全面自我评估并适度调整。[9]当人们暂时处在人为制造的悲伤环境中，如观看令人沮丧的影片或聆听令人伤感的音乐后会变得更加注重细节。[10]一项研究发现，聆听过古斯塔夫·马勒创作的忧郁管弦乐作品片段的人比其他人犯虚假记忆错误的概率更低，虽说这种错误并不少见，但我们常常对自己正在犯的错误一无所知，例如，当人们先接触像"床"、"枕头"、"休息"、"醒来"、"做梦"这一系列相互关联的词汇，然后接受记忆测试的话，他们一般来说可能会错误地记住与看到的单词类别相同而实际并未出现的词汇，如"睡眠"。然而悲伤的人就不太可能犯这类错误，研究人员得出的结论表明："与悲伤相伴的是准确性。"[11]悲伤的人能更准确公正地看待自己的能力和表现，而且更加体贴周到，并会减少对他人的偏见。例如，与愤怒的人相比，悲伤的人在对他人做评判时表现得更灵活机动，而非刻板老套。[12]悲伤一般能促进人们更多地关注内在，并展开更深层次和更有成效的反思。

丧亲过程中人们努力调整适应亲人死后的生活，而悲伤机能恰恰是帮助我们接纳丧亲现实必不可少的工具。每当因妹妹离去而引发的悲伤感觉泛起，罗伯特·尤因便开始感受到四处涌来的曾经与他的生活水乳交融的难忘体验，而且他知道那种感觉他永远也不会再次经历。因为这种意识带来的痛苦迫使他不得不重新面对并接受从此以后没有她参与的别样生活。悲伤到来时我们不得不进入一种"暂停"的状态，从中我们接受现实并做出调整[13]，如此看来悲伤和愤怒情绪产生了几乎截然不同的生物反应：愤怒让我们随时准备战斗，悲伤却抑制了生物系统而让我们退缩，并

第三章 悲伤和欢笑

放慢了脚步,而且似乎让整个世界也随着我们慢了下来。丧亲者有时甚至感觉丧亲后的悲伤生活就像电影慢镜头一般,周围的世界似乎不需要我们再去关注,日常事务也被抛到了九霄云外,人们只将注意力投向内在世界。[14]

当然悲伤的影响还远不止这些,它时常会让我们在沉思中迷茫,忘我地投入我们已经丧亲的严酷的现实中,以便暂时忘却自己当下的需求和职责或者周围人们的需要。这种全情的投入如果不加以控制可能会带来危险,但内置的安全机制往往和悲伤感受相伴而生,悲伤时我们往往看起来很伤心,尤其是在丧亲期间[15],我们的脸阴沉下垂、眉头紧锁或高蹙成八字、眼睑收窄、下巴松弛,而且下唇向下耷拉并撅着嘴。不管是否能意识到,这些表情已然在向外界传达出我们需要帮助的引人注目的信号,事实证明,悲伤的面部表情常常有效地引起同情、理解和其他人的帮助。[16]

我们彼此之间的互动反应通常也是如此:当我们看到别人难过时,例如,看到某人陷入困境的照片或电影里的悲伤场景,我们往往也会感到悲伤。由于忧伤的电影片段具有激发观众悲伤的奇特效果,自然也就成为研究情绪的标准工具。[17]神经科学家最近证实,当人们看到他人处于悲伤情境中的照片或影片,当然也包括身处悲伤的场景时,大脑结构中与复杂情感经历有关的杏仁核的活动就会增强。[18]

043

甚至新生婴儿也可以区分自己和其他婴儿哭声的录音的不同，而后者常常会引起他们明显的痛苦表情。[19]研究发现，孩子们观看悲伤电影时心跳会减慢[20]，成年人也有心率减缓及其他如皱眉等响应他人痛苦的同情表情，这些都预示着利他行为的可能性[21]。

我也一直在这些观察中为乐观主义寻找一席之地，虽然我们轻易就可以列举出人类造成的诸多恐怖事件，如战争、屠杀和酷刑等一串发人深省的事件，但从摇篮到坟墓都，人类都对他人的悲伤表达同情，这就是希望的象征，它表明我们拥有多少破坏和伤害的能力，我们就拥有多少用同情和关心平复创伤的能力。

不要独自悲伤

弗洛伊德所描述的哀伤宣泄过程是持续不断而耗费精力的，而且"无情地牵涉到与对象力比多相互缠绕的每一段记忆和希望"。然而悲伤却并非如此，每当我们感到悲伤时，似乎感觉这种悲伤会永远地持续下去，而从实际情况来看，所有的情绪都是短暂的，也就是说情绪是对自身要求即时的短期反应，通常只能维持少则几秒钟、多则几小时的时间。我们稍后会就这种情绪看起来好像将永远持续下去的有趣现象展开讨论，然而情绪的短期特性是很重要的，也正因为如此才更加突出了哀悼过程对于人类的重大意义。

第三章 悲伤和欢笑

首先丧亲之痛是一种精细复杂的体验，如果悲伤如烟花般转瞬即逝，那么丧亲者的情绪反应可能就不仅仅是悲伤。亲人死后人们的生活会发生很多变化，如个人情况、财务状况、人际关系和社会秩序可能都会有所改变。有时一切会变得更好，有时可能会更糟，但不管怎样变化可能都会引发不同的情绪反应。

罗伯特·尤因的妹妹一直在协调打理家族互动活动，她很擅长这些事务，做起来似乎毫不费力，家族中的每位成员也都理所当然地享受着她所提供的服务，她撒手而去后，情况就明显不同于以前了。"我想关于她的葬礼最悲哀的事情，"罗伯特告诉我，"是，嗯，你知道，这听起来会很奇怪，就是没有凯特来张罗操办。每个人似乎都在期待着她来主持这场活动，一场主角就是她自己的活动。"

这些现象只是预示着罗伯特家族就要发生改变的迹象之一，家庭关系常常被描述成一个系统，只要改变系统的一部分，一切都会随之变化。[22]关系中的人们必然会不断卸下旧有的角色，又不断担负起新的责任，在找寻并建立新的人际关系的同时，又重新恢复一些老关系。改变可能会带来意料之外的好结果，但同时会耗费很大的精力，或者也可能会产生摩擦和误解，从而产生强烈的情绪反应。

丧亲者在感到悲伤的同时，有时也会体验到愤怒。在我和达契尔·克特纳进行的第一项研究中，我们对录像带中丧亲者谈论最近死亡的配偶时的面部表情进行编码。悲伤是最为常见的情绪反应,而且持续时间也最长久,但作为其他情绪表达方式,愤怒和与轻蔑相关的情绪也是很普遍的。[23]

一般来说任何情绪的作用都取决于它的情境,也就是发生的时间和地点,为解决问题而自然引发的情绪往往最有用处。社会心理学家经常引用一个很有说服力的范例,说明一个人在面对他人毫无道理或者不公平的攻击时,愤怒情绪是如何发挥作用的[24]。研究人员在一项研究中,让一群志愿者完成几个简单而具有挑战性的任务,这些任务通常被心理学家在研究中用来作为诱导被试者产生压力的标准任务:他们要求志愿者从 9095 开始每次递减 7 个数倒着数数,大多数人在精力集中的情况下都能顺利完成这个任务。研究人员为进一步激发志愿者产生愤怒反应,他们故弄玄虚地宣称数数的速度和准确率是衡量人们智力水平的标准,通过被试者所得分数的比较就可以识别出谁是最愚蠢和最聪明的人。当然仅仅如此还不足以产生威胁,研究中还特别设有"骚扰者",专门在被试者每次犯错时发出通知,并不断催促他们要加快速度。

在紧张完成规定任务的过程中,研究对象的脸上比被分配任务前更有可能表现出一种愤怒和厌恶混合的情绪是毫不奇怪的。通常面部表情只是短时期内发生的反应,然而一些被试者在被分配任务的过程中也表现出了担心和害怕,这也表明外部干扰在一定程度上唤起了情绪反应。紧张情况下只有愤怒情绪的表达才是

第三章 悲伤和欢笑

缓解压力的重要因素，那种对压力的显著缓解不仅仅只是志愿者的口头述说，而且也有明显的身体反应。在受到干扰时表现出愤怒情绪的人比其他人面对任务时的激素应激水平更低，心血管反应也更弱。相比之下，越是表现出恐惧情绪的人（从面部表情推断），就越有可能显示相反的反应：更高的激素应激水平和更强的心血管反应。

对于这种情绪产生的不同反应结果的逻辑解释是这样的：最初进化形成的愤怒情绪有助于人类应对来自外界的威胁，因而对人类的繁衍生息很有用处，而恐惧情绪（我们将在第四章更详细地讨论）通常被认为其进化过程涉及更高层次的不确定和担心。当人们预计到可能会遇到危险时就难免会担心，但又不能具体确定会发生什么。有外界干扰的情况下，威胁往往来自个体的内在感受，其程度是可以控制的。我们明明知道干扰者只是干扰，而不会对我们造成实质上的伤害，在这种情况下产生恐惧反应是不合时宜，当然也就不能达到缓解压力的目的。

在经历丧亲之痛的过程中，当我们感觉他人麻木不仁，说了或者做了不公平之事而对我们产生威胁时，通常会出现愤怒的情绪反应，在这种情况下愤怒可以帮助我们协调并改变随丧亲而来的社会关系，处理与医疗机构的纠纷，勇敢面对冷漠的朋友或者在与朋友和家人发生改变的关系中坚持自我。有时丧亲者的愤怒情绪是针对更高层次的生命存在，为他们应允了亲人的死亡，也

为他们疏于回应永恒的祈祷；有时丧亲者的愤怒情绪甚至是针对已故的亲人，为他们生前没有好好照顾自己，这种愤怒的情形其实并不少见，丧亲者有时感觉所爱之人用死亡抛弃了他们。我时常听到幸存者这样愤怒地表达内心感受："他肯定预料到会发生这一切，他似乎从不关心自己的健康状况，总是说：'生命很短暂，不必太担心。'但他从没考虑过他死后我的生活会是什么样子，他也从来没有想过对我来说孑然一身的日子是多么艰难。"

这些情绪反应都是个人化的，且是完全未经控制的自然状态，但在一定程度上却也是有益的，因为愤怒的主要功能是帮助我们做好保护自己的准备，容易受到悲伤引起的情绪波动伤害的丧亲者，往往会利用愤怒情绪巩固和强化自己以迎接即将到来的挣扎。在这种情况下，愤怒可以帮助丧亲者建立继续独自生存下去的理念。

笑面死亡

对情绪和丧亲之痛最深刻的洞察可能来源于积极的情绪，或许有人认为把积极情绪和悲伤放在一个句子里有些违背常理，有史以来有关丧亲之痛的文学作品中几乎从来没有关注过积极情绪，而更多被提及的是否认和逃避。这些文学作品都假定哀悼过程中的欢乐情绪只能干扰或抑制人们正常地度过哀伤平复过程[25]，但事实证明这只是民间智慧，而并非科学见解。积极情绪不仅表明良好的感觉状态,而且它在任何情况下几乎都可以产生,即使是在丧亲之痛这般困难的情况下[26]。

我们识别积极情绪的关键线索是面部表情。当人们感觉到真正的快乐时,每个人的脸部都可以通过紧贴在眼球上、下方的一套月牙形(被称作眼轮匝肌)的肌肉群来传达出情绪,这些肌肉群参与眼睛的眨动,因此相当发达而且收缩自如。当然这些眼角肌肉也是造成俗称鱼尾纹的树枝状皱纹的原因,全世界的爱美人士为此懊恼不已。19世纪中叶,法国解剖学家纪尧姆·本杰明·杜兴在研究中发现了不同寻常的眼轮匝肌群,这些肌肉群相互合作令感觉愉悦的我们展露出微笑的双眸,也就是微笑的眼睛。

虽然微笑的种类各有不同,然而大多数时候微笑并不表示真正的幸福。[27]最常见的微笑都是刻意而为的,通常在需要礼貌姿态、表示亲切同意和面对相机时人们故意做出微笑表情,有时微笑还带有其他目的,例如用来掩盖我们想要从人群中隐藏的感觉。当我们不是由于内在的幸福感觉而发出真诚的微笑时,我们只是通过嘴形做出其他人熟悉的微笑表情,而这种微笑通常没有明显可见的眼睛周围肌肉的收缩。其实特意让眼轮匝肌群完全配合是很难做到的,但是当我们体验到发自内心的幸福,发出真正的微笑或大笑时,眼轮匝肌群会不自觉地明显收缩。虽然这种响应速度快到我们大部分时间只有模模糊糊的感觉,但研究明确显示,不管是否涉及眼轮匝肌,人们对积极表情的反应大相径庭,也

有证据表明自发的微笑或大笑和刻意的微笑涉及大脑不同的通路。[28]

为了向发现者致以敬意，情绪研究人员开始涉足那些由眼轮匝肌的收缩而产生的、真正的、被称作"杜兴微笑"的大笑和微笑的研究，研究结果表明杜兴微笑适用于各种各样的目的。[29]其中一种作用是我们可以将快乐感觉传递给身边的人，因为真诚的大笑和微笑是会传染的。[30]（试想那些作为电视情景喜剧背景的预先录制的笑声，它们的存在并非偶然，即使我们知道那是假的，但它们的适时出现仍然让我们感觉更像是对自己的嘲笑。）杜兴微笑让人体验到作为团体一部分的更高的价值感，因此也更愿意表现出彼此间的帮助和合作。[31]例如一项研究发现，如果人们在参与一种以真实货币报酬作为奖励的经济学游戏前，研究人员向他们展示了合作伙伴的微笑照片，那么游戏中伙伴间的合作就会更加融洽。[32]

如果幸福具有传染性，那么那些脸上挂着杜兴微笑的人往往显得更加健康，而且表现出更强的适应性也就不足为怪了。达契尔·克特纳的一项研究结果就是显著的例证，他和同事们发现，在大学纪念照中面露真诚的杜兴微笑的女士比那些没有杜兴微笑的女士人际关系更和谐，婚姻生活也更美满，而且此后30年的人生通常也更为顺利。[33]

我和安东尼·帕帕在一项共同主持的研究中发现，当参与研究的大学生被要求谈论他们的生活时，报以杜兴微笑比没有自发微笑者在未来几年的大学生活中有更强的适应能力，而且拥有由

第三章 悲伤和欢笑

更多朋友和熟人组成的交际网络。[34]当然为了达到实验目标，在研究中我们埋下了一个小伏笔，在进行微笑测试前，我们让其中一部分学生观看了非常伤感的电影片段以激发他们的悲伤情绪，而让另一部分学生观看有趣的喜剧电影片段，测试结果显示观看喜剧电影片段与学生是否微笑关系不大，而只有在观看伤感电影片段后的微笑才和长远健康之间有着显著的联系。换句话说，能够对一些有趣的事物报以微笑当然是很好的，但据此并不能判断一个人的健康程度，而在接受痛苦考验的紧要关头依然展颜欢笑的能力才对人们的长远健康产生真正重要的影响。

如果人们能够在日常生活中用真诚的微笑应对一切，特别是在情绪低落时也能自发地良好适应的话，那么在丧亲之痛过程中应该同样可以发现笑声的类似益处，其实杜兴微笑在丧亲之痛中也很普遍。[35]大多数丧亲者甚至在丧亲的最初几个月里，谈论到逝去亲人时至少也可以展露真诚的大笑或微笑。当我们真正仔细观察丧亲者的生活时，会发现这种欢快表情也时常出现在他们脸上，而且其司空见惯的盛行程度甚至令人惊讶。比较典型的案例通常是这样，当丧亲者正表情忧郁地谈论着过去的生活或者失去亲人时的情景时，他或许会难以抑制地哭泣，接着突然又露出真诚的微笑，就像平常他突然爆发出的强烈笑声一样。这种表情的变化依我的经验来看，没有什么值得奇怪或者感觉不合时宜的，反而因此突出了谈话跌宕起伏的特点，是再自然不过的事了。

微笑的表情在这样的场合不仅看起来没什么不合适,而且我认为这是良好的自我适应能力的表现。我和达契尔·克特纳在研究中发现,在配偶去世后最初几个月里大笑和微笑得越多的寡妇和鳏夫,在丧偶后两年他们的心理健康状况恢复得越快。[36]换句话说,随着时间的推移,谈论丧亲事件时真诚微笑或大笑的人,哀伤宣泄的效果更为良好。获得这种额外的健康收益的部分原因是由于大笑和微笑行为给人们提供了更多的休息时间,暂时缓解了丧亲的痛苦,并提供了喘口气的机会,以恢复自然的呼吸。[37]另外一个原因是喜悦的表情对周围的其他人产生了安慰效应。其实与一个处于哀悼中的人生活并不容易,但如果那个人能够感受到或表达出由衷的积极情绪,就会好过得多。

让我们再次回到悲伤的话题,和极度悲伤的人相伴,我们也会感到悲伤。当一个人心痛,他的疼痛会充满整个房间,渗进每个人的心里;而当那个人可以暂时放下痛苦,哪怕只是短暂的瞬间,给每个人喘息的机会,那么气氛就会轻松很多,也会有更多的人愿意与之相处。事实上我们的研究显示,在谈论丧亲事件时能够大笑或微笑者较之不能者更容易唤起他人的积极情绪,减少挫折感受。[38]

振荡

悲伤和期待是如何左右着哀伤的过程呢?一方面其涉及了频

第三章 悲伤和欢笑

繁的大笑和微笑，另一方面呢，如果哀伤被认为只是例行的程序性工作，那么其反复的模式却是意料之外的，很多丧亲者反反复复的强烈悲痛体验第一次出现时就引起了人们的困惑和不解。

由于妹妹的去世而感受到痛苦的强烈程度已然让罗伯特·尤因倍感震惊，但是随后痛苦的突然消失也同样令他惊讶万分，"前一刻我还沉浸在悲伤之中难以自拔，感觉自己随时会被痛苦摧毁，然而下一刻在同别人谈论些愚蠢小事时，又好像什么事也没有发生过一样开怀大笑，这确实让人感觉奇怪。"

其实罗伯特的情况相当普遍，丧亲之痛本质上就是一种应激反应，是人类头脑和身体感知到对健康的威胁而试图应对的动机，它和任何其他应激反应一样并非是一成不变或静态的。无情的悲伤其实是势不可挡的，而且悲伤只有以一种反反复复的振荡模式出现才能够让人承受。我们的情绪来回反复，首先专注于丧亲的痛苦以及其所有的暗示和意义，然后在眼前的世界、身边的人群和当下所发生的一切间来回摆荡，从而得以暂时放松下来，能够再次和周围的人群建立联结，紧接着退一步潜入哀伤的过程。

悲伤反应的这种运行模式其实并不奇怪，所有已经昭然若揭的其他身心机能几乎都表现出同样明显的反复振荡。其实我们内在的一切从理论上讲都处在振荡之中，口鼻吸进呼出空气，肌肉紧张放松，身心入睡醒来，体温上升下降都是振荡的表现。振荡还具有自我适应的特性，能够调节截然相反的活动以达成平衡：

053

我们不能同时吸气和呼气，因此就有了呼吸周期；我们不能同时入睡和清醒，因此就有了睡眠周期，而且即便在睡眠过程中还要经历深睡眠和浅睡眠的阶段周期。悲伤也有相同的特性，我们不能在陷入对丧亲事实沉思的同时，又与周围的世界建立友好关系，因此悲伤也这样周期性地振荡着。

或许最引人注目的哀伤振荡特性与传统认为其应该展现的可预测阶段顺序可以说截然不同。传统哀伤内在阶段模型理念认为，下一阶段开始之前上一阶段必须完成，按照库伯勒·罗斯的理论判断，丧亲者最初阶段几乎沉入全然否认的状态，一旦无法再否认，就进入愤怒阶段，愤怒阶段必须顺其自然完成，然后讨价还价阶段才能开始。以此类推，丧亲者经过沮丧阶段，最后才完全接受丧亲的事实。

当然每个人经历各个阶段的方式并不都是相同的，但大多数人的模式总体来说应该是一致的，而且这种一致的模式中几乎没有大笑和微笑的合适位置。库伯勒·罗斯在她对患者的记录中偶尔也出现他们令人难忘的笑容，而且因为这些笑容特别罕见反而显得特别突出。传统理论中没有表现积极情绪的阶段，这也许就是为什么传统理论将积极情绪等同于否认。然而我们在研究中发现，积极情绪遍布丧亲之痛的整个过程，而不仅仅是在通常引发否认反应的最初阶段。

其他理论家也观察到悲伤呈波浪型而非连续的阶段型发生的

第三章 悲伤和欢笑

特征,首批关注人类如何适应死亡和丧亲的社会科学家之一,罗伯特·卡斯登邦在1977年写道,"第一波震惊和哀伤之后悲痛并没有停止,伴随所爱之人已然离去的意识而产生的通常是生活应该继续下去的意识。"[39]研究人员最近已经开始着手研究关于悲伤波状属性的理论,其中被巧妙地命名为应对丧亲之痛双重过程模型的理论,提出有效应对丧亲的人群通常会在两个独立过程之间来回摆动。[40]和我们对悲伤的观察结果相类似的是,两个独立过程其中之一是"丧失取向"的,涉及对"丧失某些方面的自身体验,尤其是对死者本人的体验"[41];然而另一个独立过程是"修复取向"的,要求丧亲者超越丧失,聚焦于亲人丧失后生活本身的任务和要求,以及恢复正常生活需要面对的一切。这个理论再次强调了悲伤并非恒定静态的,而是涉及规律性的振荡。

然而揭示出丧亲之痛波浪型变化模式的理论模型似乎还是低估了真实情况所涉及波动的程度,其实当我们仔细观察丧亲者随着时间推移,其情感体验的变化时,能感受到其波动幅度和程度是相当惊人的。研究者进行过一项研究,他们每天对丧亲最初几个月的丧偶者的情绪稳定性进行观察和评估[42],并收集较长一段时间内的观察评估记录,汇成大量的信息数据,然后研究人员依据信息数据绘制每个参与者随时间变化的情绪曲线。如果悲伤情绪发生在不同的阶段,那么相应的图形应该在不同的时间点显示一簇集群的水平线段，类似于连绵起伏的高原形态，每段代表高原的线段对应不同阶段的丧亲之痛。如图 2 所示，观察评估看起来其实具有很大的随机性，更像心电图或者地震仪快速反复蚀刻的曲线，曲线开始时上下波动，几个月后便趋于水平，这种模式即使对复原能力强的人也是如此（如图中寡妇 1 的曲线所示），其再次证明了悲伤的正常振荡属性。

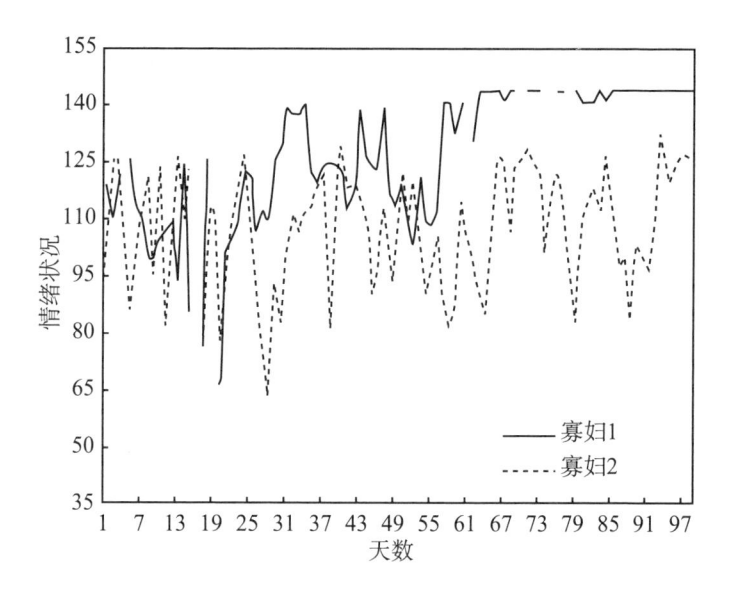

图 2　两个寡妇在丧亲的最初几个月的日常情绪评估报告

注 1：更高的评估值代表更平和的情绪状态。

注 2：图片来源于托尼·比斯孔蒂、辛迪·伯格曼和史蒂文·博克发表的文章《作为变异性预测的社会支持系统：新寡们心理调适轨迹的测试》，选自《心理学与衰老》杂志，21 期，3（2006 年版）：590～599 页。

第三章 悲伤和欢笑

* * *

C. S. 刘易斯在其著名回忆录《痛苦的奥秘》中写道:"头脑里总有一股逃避的力量,只有万不得已的情况下,难以忍受的念头才不断回来,回来。"[43]妻子死于癌症后,刘易斯发现他们在一起时希望的"那么多的幸福,甚至那么多的欢乐都令人难以置信地消失了"。刘易斯在妻子死后的悲伤感受是无情而冷酷的现实,但他不断提醒自己所受的痛苦不会像想象中妻子身体的疼痛那样持续不断并耗费精力。"身体的疼痛,"他说,"绝对就像一战时期战壕的堤坝般连绵不断、坚不可摧……一个小时连着一个小时没有片刻的松懈。"而悲伤就像盘旋的轰炸机,每次飞过头顶时才投下一枚炸弹。"不断在悲伤情绪曲线处于波谷阶段的片刻得到暂时的缓解让整个悲伤的过程变得可以承受,人类本能中这种在悲伤的缝隙中挤出短暂幸福片刻的神奇力量,带给绝望中的人们再次前行的希望。

注释:

1. James Innell Packer, *A Grief Sanctified* (New York: Crossway Books, 2002): 9.

2. 有兴趣了解更多有关 Paul Ekman 开创性研究的读者将会发现他的书

悲伤的另一面
The Other Side of Sadness

可读性很强，最近出版的是：*Recognizing Faces and Feelings to Improve Communication and Emotional Life*（New York：Macmillan，2003）。尽管后来 Dacher Keltner 把 Ekman 的情绪研究扩大到未知领域，但在我们初次见面时他还没有开始这项工作。有兴趣了解更多有关 Dacher 的研究和鼓舞人心的想法的读者可以读他的这本书：*Born to Be Good：The Science of a Meaningful Life*（New York：W. W. Norton，2008）。

3. C. Darwin，*The Expression of Emotions in Man and Animals*（London：John Murray，1872），and L. Parr, B. Waller, and S. Vick, "New Developments in Understanding Emotional Facial Signals in Chimpanzees," *Current Directions in Psychological Science* 16，no. 3（2007）：117-122.

4. P. Ekman, "Are There Basic Emotions?" *Psychological Review* 99，no. 3（1992）：550-553，and J. Tooby and L. Cosmides, "The Past Explains the Present：Emotional Adaptations and the Structure of Ancestral Environments," *Ethology and Sociobiology* 11（1990）：375-424.

5. R. S. Lazarus，*Emotion and Adaptation*（New York：Oxford University Press，1991）.

6. F. de Waal，*Peacekeeping Among Primates*（Cambridge，MA：Harvard University Press，1989）.

7. M. Westphal and G. A. Bonanno, "Attachment and Attentional Biases for Facial Expressions of Disgust," unpublished manuscript，2009.

8. Lazarus，Emotion and Adaptation.

9. C. E. Izard, "Innate and Universal Facial Expressions：Evidence from Developmental and Cross-cultural Research," *Psychological Bulletin* 115，

no. 2 (1994): 288-299; C. Z. Stearns, "Sadness," in *Handbook of Emotions*, ed. M. Lewis and J. M. Haviland, 547-561 (New York: Guilford Press, 1993); and Lazarus, *Emotion and Adaptation*.

10. N. Schwarz, "Warmer and More Social: Recent Developments in Cognitive Social Psychology," *Annual Review of Sociology* 24 (1998): 239-264.

11. J. Storbeck and G. Clore, "With Sadness Comes Accuracy; With Happiness, False Memory: Mood and the False Memory Effect," *Psychological Science* 16, no. 10 (2005): 785-789.

12. G. V. Bodenhausen, L. A. Sheppard, and G. P. Kramer, "Negative Affect and Social Judgement: The Differential Impact of Anger and Sadness," *European Journal of Social Psychology* 24 (1994): 45-62.

13. H. Welling, "An Evolutionary Function of the Depressive Reaction: The Cognitive Map Hypothesis," *New Ideas in Psychology* 21, no. 2 (2003): 1.

14. G. A. Bonanno, L. Goorin, and K. G. Coifman, "Sadness and Grief," in *Handbook of Emotions*, 3rd ed., ed. M. Lewis, J. M. Haviland-Jones, and L. F. Barrett, 797-810 (New York: Guilford Press, 2008).

15. G. A. Bonanno and D. Keltner, "Facial Expressions of Emotion and the Course of Conjugal Bereavement," *Journal of Abnormal Psychology* 106 (1997): 126-137.

16. N. Eisenberg et al., "Relation of Sympathy and Distress to Prosocial Behavior: A Multimethod Study," *Journal of Personality and Social Psychology* 57 (1989): 55-66.

17. J. J. Gross and R. W. Levenson, "Emotion Elicitation Using Films,"

Cognition and Emotion 9, no. 1 (1995): 87-108.

18. L. Wang et al. "Amygdala Activation to Sad Pictures During High-Field (4 Tesla) Functional Magnetic Resonance Imaging," *Emotion* 5 (2005): 12-22.

19. M. Dondi, F. Simion, and G. Caltran, "Can Newborns Discriminate Between Their Own Cry and the Cry of Another Newborn Infant?" *Developmental Psychology* 35, no. 2 (1999): 418-426.

20. N. Eisenberg et al., "Differentiation of Vicariously Induced Emotional Reactions in Children," Developmental Psychology 24 (1988): 237-246.

21. Keltner and Kring, "Emotion, Social Function."

22. Murray Bowen, *Family Therapy in Clinical Practice* (Northvale, NJ: Jason Aronson, 1978).

23. Bonanno and Keltner, "Facial Expressions."

24. J. Lerner et al., "Facial Expressions of Emotion Reveal Neuroendocrine and Cardiovascular Stress Responses," *Biological Psychiatry* 61, no. 2 (2005): 253-260.

25. J. Bowlby, *Attachment and Loss* (New York: Basic Books, 1980). 在这本有关丧亲之痛的书中，Bowlby 描述了一种"无序哀悼"状态，即尽管试片显示丧亲者事实上已经受到影响，且心理平衡有被扰动的迹象，但却有持续长时间的悲伤缺失（153 页）。"试片显示迹象"是骄傲和快乐的积极情绪，以及乐观和"精神抖擞"的表象（156 页）。

26. Bonanno and Keltner, "Facial Expressions"; D. Keltner and G. A. Bonanno, "A Study of Laughter and Dissociation: Distinct Correlates of

第三章 悲伤和欢笑

Laughter and Smiling During Bereavement," *Journal of Personality and Social Psychology* 73 (1997): 687-702; B. L. Fredrickson, "The Role of Positive Emotions in Positive Psychology: The Broaden-and-Build Theory of Positive Emotions," *American Psychologist* 56 (2001): 218-226; and B. L. Fredrickson et al., "What Good Are Positive Emotions in Crisis? A Prospective Study of Resilience and Emotions Following the Terrorist Attacks on the United States on September 11th, 2001," *Journal of Personality and Social Psychology* 84 (2003): 365-376.

27. R. R. Provine, "Laughter Punctuates Speech: Linguistic Social and Gender Contexts of Laughter," *Ethology* 95 (1993): 291-298, and R. R. Provine, "Illusions of Intentionality, Shared and Unshared," *Behavioral and Brain Sciences* 28, no. 5 (2005): 713-714.

28. M. Iwase et al., "Neural Substrates of Human Facial Expression of Pleasant Emotion Induced by Comic Films: A PET Study," *Neuroimaging* 17 (2002): 758-768, and B. Wild et al., "Neural Correlates of Laughter and Humor," *Brain* 126 (2003): 2121-2138.

29. 要对文献做很好的回顾，可以参见: M. Gervais, and D. S. Wilson, "The Evolution and Functions of Laughter and Humor: A Synthetic Approach," *Quarterly Review of Biology* 80 (2005): 395-430.

30. E. Hatfield, J. T. Cacioppo, and R. Rapson, "Primitive Emotional Contagion," *Review of Personality and Social Psychology* 14 (1992): 151-177, and R. R. Provine, "Contagious Laughter: Laughter Is a Sufficient Stimulus for Laughs and Smiles," *Bulletin of the Psychonomic Society* 30

(1992): 1-4.

31. G. E. Weisfield, "The Adaptive Value of Humor and Laughter," *Ethology and Sociobiology* 14 (1993): 141-169, and K. L. Vinton, "Humor in the Work Place: Is It More Than Telling Jokes?" *Small Group Behavior* 20 (1989): 151-166.

32. J. P. Scharlemann et al., "The Value of a Smile: Game Theory with a Human Face," *Journal of Economic Psychology* 22 (2001): 617-640.

33. L. A. Harker and D. Keltner, "Expression of Positive Emotion in Women's College Yearbook Pictures and Their Relationship to Personality and Life Outcomes Across Adulthood," *Journal of Personality and Social Psychology* 80 (2001): 112-124.

34. A. Papa and G. A. Bonanno, "Smiling in the Face of Adversity: Interpersonal and Intrapersonal Functions of Smiling," *Emotion* 8 (2008): 1-12.

35. Bonanno and Keltner, "Facial Expressions."

36. Bonanno and Keltner, "Facial Expressions."

37. R. S. Lazarus, A. D. Kanner, and S. Folkman, "Emotions: A Cognitive-Phenomenological Analysis," in *Emotions, Theory, Research, and Experience*, vol. 1, *Theories of Emotion*, ed. R. Plutchik and H. Kellerman, 189-217 (New York: Academic Press, 1980).

38. D. Keltner and G. A. Bonanno, "A Study of Laughter and Dissociation: Distinct Correlates of Laughter and Smiling During Bereavement," *Journal of Personality and Social Psychology* 73 (1997): 687-702.

39. R. J. Kastenbaum, *Death, Society, and Human Experience* (New

York: Mosby, 1977): 138.

40. M. S. Stroebe and H. Schut, "The Dual Process Model of Coping with Bereavement: Rationale and Description," *Death Studies* 23, no. 3 (1999): 197-224.

41. M. S. Stroebe and H. Schut, "The Dual Process Model of Coping with Bereavement: Rationale and Description," *Death Studies* 23, no. 3 (1999), 212.

42. 两个针对丧亲者已经证实的摆动特性的研究包括: T. L. Bisconti, C. S. Bergeman, and S. M. Boker, "Emotional Well-Being in Recently Bereaved Widows: A Dynamic Systems Approach," *Journals of Gerontology: Series B: Psychological Sciences and Social Sciences* 59B (2004): 158-168, and T. L. Bisconti, C. S. Bergeman, and S. M. Boker, "Social Support as a Predictor of Variability: An Examination of the Adjustment Trajectories of Recent Widows," *Psychology and Aging* 21, no. 3 (2006): 590-599.

43. C. S. Lewis, *A Grief Observed* (San Francisco: HarperSan Francisco, 1961): 52, 53.

第四章　顺应一切

丹尼尔·利维的妻子珍妮特的死比预料的来得更早，他们在一起生活了八年，他们的关系用丹尼尔的话来说已经是非常"轻松随意"的了，并且都认为会相守到人生的终点。他们是在一家小型家居用品设计公司共事时认识的，当时两人都40出头了，丹尼尔负责公司的创意业务，而珍妮特在行政部门工作，一个偶然的机会两人邂逅，便开始了一段前所未有的浪漫经历。

丹尼尔瘦削结实，穿戴朴素整齐，是那种在人群中一点都不起眼的男人。我们第一次见面时他略显尴尬，随着交谈的深入，他逐渐适应并放松了下来。丹尼尔是个很有想法的人，谈吐也很风趣幽默，但我发现大部分时间他似乎更乐意保持沉默。

和珍妮特初次相识，丹尼尔确实有种一见如故的感觉，就像曾经断开的链条般咔嗒一声吻合得天衣无缝。"对我来说只要有珍妮特在身边，一切事情都变得再简单不过。"丹尼尔告诉我，"我好像在一瞬间就对我们共同拥有的生活了如指掌。"丹尼尔最初决定先保留自己的浪漫感觉，对珍妮特采取矜持态度，仅将他们的关系限于工作和专业上的交流。

第四章 顺应一切

但是不久这个计划就无法继续下去。

相识几个星期后,丹尼尔和珍妮特便开始约会,很快就一起度过所有的闲暇时光,在还没意识到这点之前,他们就已经同居在一起了,接着他们开始策划共同启动新的家具业务,凭着珍妮特的经济资源和丹尼尔的艺术及专业背景,事情进展得很顺利。他们在一起谈论未来设想越多,事情就变得越发不可阻挡,计划进展的速度出人意料地加快了,他们分别辞去各自的工作,共同创办了他们自己的新公司。

新公司成立之初经历了几次困境,进展缓慢,但总体来看丹尼尔和珍妮特的合作创业之举获得了成功,他们之间的亲密关系似乎也在这个过程中顺利进展。

他们最初走到一起并没有考虑过婚姻,朋友的热心撮合使这个问题提到了议事日程。随着相处时间越来越长,身边的人都开始询问,有一天连邮递员也无意间提到了这件事。"嗯,"丹尼尔告诉我,"我也觉得'为什么不可以呢?'"有一天和珍妮特坐在车上闲聊着,丹尼尔提到他们"应该考虑结婚的事了"。珍妮特转过头来望着他,他们就那么四眼相对地相互看着,过了一会儿珍妮特欣然点头表示同意,一切就那么水到渠成般地简单。

他们接下来七年相处的日子虽然时有偏差,但基本按计划进行着,生活可谓夫唱妇随,工作也顺风顺水,突然有一天珍妮特就像当初风一样飘来,又风一样地从丹尼尔的生活中飘走了。

065

那一天珍妮特因为出差要离开他们生活的城镇，本来她可以很方便地乘飞机往返，但一直以来她都很享受清晨独自安静地驾车行驶在漫长道路上的感觉，于是珍妮特还是一如既往地选择在黎明时分驾车返回，路途中天下起了雨，一辆迎面而来的汽车失控而迎头撞上了她的车，当场她就失去了生命。

我是在珍妮特离世几个月后和丹尼尔相约面谈的，初次见面我就能明显感受到他对她极深的爱意，以及因她的离去这段时间他所承受的痛苦和孤独，然而在我和他的交谈中，我几乎看不到他表现出任何悲伤的迹象。丹尼尔和珍妮特共同拥有一个广泛的交际圈，妻子死后他继续享受着这些关系带来的乐趣，看起来丹尼尔的生活没有太大的变化，同时他还继续开展和珍妮特共同开拓的业务。

"基本上，"丹尼尔告诉我，"唯一缺失和改变的一点就是她离开了我们。我依然和她在世时一样，你知道，除了明白了丧偶意味着什么之外没有任何的不同。"他继续说，"我时常感到无比的孤独，并静静独自体会着那份孤独，但这样的时刻正一步一步离我远去了。"我们研究团队的每位成员都认为丹尼尔展现出了健康的复原能力，他爱他的妻子，为她的去世而哀伤，但他像书中提到的其他人一样能够找到继续前行的方向。

虽然从丧亲中复原的情况很普遍，但复原的群体却有着截然不同的特质，他们的故事为无数悲痛经验增添了形象生动的实例，同时也表明虽然人们能有效应对丧亲，但每个人的反应却各有不同，安然度过丧亲过程并继续前行的方式也各不相同。

然而范例再多也是有限的，个体故事永远无法准确说明普遍的复原能力是什么样子，甚至数以百计的故事也只能说明那些特定的数以百计的人是能够复原的。本章要重点说明复原能力是常态而不是例外的，并且不只针对丧亲之痛。[1]

也许对于复原能力最有趣的认识并非其普遍性，相反却是我们一直以来都因为看到这种神奇的力量而惊讶。我必须承认与丧亲者和创伤幸存者共同工作多年来，我时常为人类的复原能力感到惊讶，同时也并不完全能确定这种惊讶来自哪里，但是我们可以做一些有一定专业基础的猜测。

首先我猜想至少有一部分原因来自不同的文化因素，换句话说，对复原能力的怀疑几乎主要是来自包括大多数欧洲和北美在内的工业化国家。那些生活在这些西方国家的人，尤其是美国人非常注重个人价值，关注个人的自由和自主权，也正是由于对个人自由和自主权的关注，他们更多地关注头脑中的想法，重视情感体验，愿意去关注其他人的感受，并且也希望得到他人对自身感受的关注。重视情感体验也就意味着当看到身边有人丧失亲人，人们往往会密切关注他的感受以及丧亲带来的体验。因为对自身丧亲之痛的深切的体验和了解，从而也能预料到丧亲者应该体验到的难以回避的悲伤和痛苦感受，然而当人们在其他丧亲者

身上没有看到这样的哀伤反应时，难免会感到十分惊讶。

当然关注个体和他们感受的举动并不奇怪，为人们强大的复原能力感到震惊亦无不妥，然而重要的是世界各地人们的反应千差万别，生活在不同文化背景下的人有着不同的悲伤体验，以及对丧亲者复原能力的不同反应。让我们暂时越过西方工业化世界，把眼光投向占地球庞大部分，被简单归类为"非西方文化"的区域，我们发现那里的人们体验生活的方式完全不同，其中最大的区别是非西方文化中的人对个体和他们的感受的注重程度相对较轻，他们关心人与人之间的相互交流多于任何个人头脑里的具体想法。由于这种差异，非西方文化中丧亲之痛较少涉及哀悼和悲伤感受，更多关注的是人们在做些什么，无论他们是否按该有的方式实施哀悼，而且非西方文化较少提及个人复原能力的理念，因为其应对丧亲之痛依靠的不是个人的感受，而是能否妥善完成既定的悼念仪式。

生活在西方工业国家的人们之所以会对复原能力感到惊讶的另一个原因，是既成的大量与情绪相关的文化背景知识。丧亲会击垮一个人，哪怕由于某种原因人们忽略了这样一个事实，也会有诸多文化方面的警钟敲响，以确保我们去了解这样的想法。

几年前《奇想之年》就是这样一座警钟，其作者琼·迪丹在这本回忆录里以形象生动的散文风格，描述了她丈夫令人震惊的死亡过程，以及那段经历给她带来的无限迷惑，还有她所感受到的痛苦打击和对其他人意味着什么，甚至几年后当她将回忆录改编成舞台剧时，这些体验对她来说更加清晰。演出以扮演琼·迪丹的演员孤独地站在台上的情景开场，她形容憔悴地面对着观众，似乎预示着悲伤即将到来，然后她静静地向观众通报了一个令人愕然的消息：她的丈夫死于2003年12月30日。"一切似乎还是刚刚发生的事。当它发生在你身上时，你不会有这样的感觉。"接着是每个人都不得不面对的生死攸关的关键问题，"这一切必然会发生在你身上，细节可能会有所不同，但它肯定会发生在你身上，这就是我在这里要告诉你的。"

就像琼·迪丹警告我们时提到的那样，大多数丧亲者不会因为哀伤而使生命能量变得衰弱。下一章我们将进一步研究其原因，在这之前，我们先花点时间来熟悉不只针对丧亲之痛，而是普遍适用于潜在创伤性生活事件的复原能力的理念。

有复原能力的儿童

孩童的天性通常使人联想到脆弱和依赖，我们来到这个世界时几乎都是全然无助的，其原因主要是当时我们的大脑还未完全发育。人类的智力水平随着时间的推移开始发展，大脑以惊人的速度不断长大，以致婴儿的头越来越难通过母亲的产道。当人类的大脑"达到骨盆大小的自然限制时"[2]，大脑的发展过程只能在

子宫外进行，几千年来随着人类智慧的不断提高，人类出生后需要更长时间的成长和发展才能达到成熟。

大脑发育和发展需要有营养的食物和充足的睡眠，试想有这样的孩子，因为没有人照料饮食而不得不挨饿或者摄入容易获得的、廉价的垃圾食品。孩子们需要的不仅仅只是食物和住所，这是不言而喻的，他们还需要得到后天的培养和引导来建立正确的道德观念以明辨是非，获得成熟的心理机能以与周围复杂和充满竞争的世界和谐相处。试想一下，每一次孩子想表达意见时被告知要"闭嘴"和"保持安静"，再试想一下，这个孩子没有父母或成人的陪护总是单独应对情感上的烦扰和伤害，或找不到人帮助他们找到解决问题的可行方案。

孩子们需要精心养育和耐心呵护以促进他们产生信任和同情心，以应对日后生活中需要面对的友谊或婚姻的需求，日后他们也会把成人对他们的全心付出和悉心关照传承给他们的孩子。即使生活在多么和顺的环境下，如何与人和谐相处也是需要磨炼的技能，试想在恐惧中长大、不断遭受看护人的仇恨和愤怒或者被理应保护你的人殴打和侵犯会是怎样的情形？

贫穷和虐待对儿童造成的破坏性影响已经不乏证据，从20世纪的前半叶开始，有报告系统地记录了美国出现的社会阶层和收入差距，以及由其产生的周期性和自我延续的困境。[3]贫穷和营养不良造成过早辍学和吸毒，这些因素反过来又限制了就业机会

第四章 顺应一切

并造成贫困的进一步蔓延和恶性循环。遭受虐待能摧毁一个孩子的自尊和对他人的信任，导致其退缩性人格特征，并经常实施暴力和鲁莽行为，导致后续生活中更严重的欺骗和自残行为。[4]

然而在看到这些恶性循环可能会减弱人的生命能量的同时，人们也认识到并不是所有处境不利的孩子都会受到严重伤害，有大量的高危儿童令人惊讶地茁壮成长着。这不免让人想起民间故事中的人物，像灰姑娘、白雪公主以及汉斯和格莱托，这些故事中的主人公长期挣扎在令人筋疲力尽的辛勤工作和残酷虐待中，但他们最终以各自的方式获得了财富或实现了美好愿望，这些人物最初只是活在人们口口相传的故事中，经过数百年的反复讲述，他们逐渐令人信服地攫取了人类环境元素而成为活生生的人物。[5]也许今天这些故事已不再令人惊讶，但听起来还是那么贴切而有意义，这些故事中的主人公依然鲜活地在当代想象力的世界里跳跃着。

贺拉斯出版社在19世纪出版了广受欢迎的白手起家系列小说，小说所描写的那些故事已经成为了美国传奇的一部分，其中就有对美国早期先驱像安德鲁·卡内基、康奈利·范德比尔特和约翰·洛克菲勒等实业巨人在贫穷中默默无闻地开创自己的事业，最后获得几乎是难以想象的巨大财富的真实生活的描述。《福布斯》杂志最近发表的一篇文章指出，有近三分之二的世界亿万富翁"依靠勇气和决心取得了他们从无到有的财富"[6]。

然而这些故事在对人们产生激励的同时可能也具有误导性，其原因并不是故事所描绘的英雄登峰造极的绝对性优势，而是其犯了其他有关丧亲之痛文学所犯下的同样错误，那就都暗示了只有真正了不起的人才能成功这种观点。关于处境不利儿童的复原能力调查报告第一次在 20 世纪七八十年代出现时，媒体倾向于把这些儿童描述成"天下无敌"或"刀枪不入"之人，或者罕见的贫民窟"神童"[7]。我当然并不否认这些孩子拥有不同寻常的特质，但也并不是说能够在贫困或辱骂的教养环境下脱颖而出的人就必然配得上获得的所有功勋，而且从报告展示的数字显然能够看到，对人们习惯认识产生冲击的神童只是很少的一部分，许多儿童都在坚强地忍受着无论是经济贫困、家庭混乱、长期虐待或者其他的生活挑战，并怀着正常发展的愿望继续追寻着梦想，以期达成健康平衡的人生。[8]

研究丧亲之痛的专家们一直在怀疑那些经受亲人死亡的丧亲者的复原能力。这能成为对处境不利儿童的复原能力提出质疑的理由吗？众所周知，人生发展是错综复杂的过程，每个人的童年阶段都有各种需求，这些孩子真的能够凭着自身能力而复原吗？我们所了解的处境不利儿童所面临的困难大部分来自对苛刻和不利环境的调查，但要把其中发挥作用的不同因素一一分解开来往往很难做到，恶劣环境在不同层次上影响着孩子的发展。要准确定义复原能力究竟为何物并非易事，有时孩子从生活的某一个方面如

第四章 顺应一切

学校行为看上去很健康,但在像维持亲密友情等其他方面却表现不佳。[9]

然而尽管存在这么多种不同的情况,研究还是不断证实了许多孩子顺利应对逆境的能力。即使我们严格限制复原能力的定义范围,甚至于只包括那些在所有需要调整的重要方面恢复健康的高危儿童,但对比之下我们仍然发现其所占的数据比例还是高得有些出乎意料。[10]无论我们从哪个角度来解释这些数据,复原能力强的儿童数量都确实超出了我们的预期。

从孤立的事件来看,儿童的坚韧品性更为明显。我们通常认为父母早亡对孩子的打击是毁灭性的,但有些丧亲的孩子复原的频率几乎和成人相同。[11]儿童遭遇如自然灾害、重大事故、虐待、殴打或最亲近之人暴亡等极端事件可能造成的心理创伤也是如此,创伤研究人员将这些极端事件称为潜在创伤性事件,或简称为PTE,儿童抵抗潜在创伤性事件的频率也和成人相同。研究潜在创伤性事件复原的最佳范例之一是曾经对1400多名儿童的大型研究。[12]参与这项研究的孩子们最初都处于童年中期,年龄在9~11岁之间,研究人员每年与他们面谈,直到他们长到16岁,其中超过三分之二的孩子至少经历过一次潜在创伤性事件,然而很少有孩子受到严重影响,只有极少一部分有病理性创伤反应。研究表明绝大多数孩子根本没有任何创伤反应的迹象[13],就像我们在其他情况下可能会预料的那样,大部分的孩子天真如初地继

续着他们的生活。

有复原能力的成年人

如果要进行比较的话，成年人的复原能力并不比孩子们差，而且更加强大，然而许多成年人难以相信这个简单的事实，其中一个可能的原因是，对潜在悲剧性事件泰然处之可能会让我们感觉所经历的事件并不像我们想象的那样严重。我们停止了思考，而且只要一切安然无恙，事件似乎渐渐消逝成为过去，多年来我见过无数这种现象的案例。在与研究对象的常规面谈过程中，我通常会问他们一生中是否曾有过任何潜在创伤性事件的经历。我让他们阅读一份事先准备好的包括遭劫、被致命武器袭击或患上危及生命的疾病等在内的潜在创伤性事件清单，很多人浏览过后相当肯定地回复从未经历过任何类似事件："没有……没有……没有……没有……没有，这些事情永远不会发生在我身上……没有……没有……没有，不会那样……没有……不会。"但在随后的面谈中，他们开始谈论自己的过去，记忆被轻轻唤起，突然他们说："哦，等等，等等。现在我想起来了，我曾被袭击过，我记起来了，那个人拿着枪，有一次一个家伙在一个加油站掏出手枪对着我。"

我和研究团队几年前决定就这种有趣的遗忘趋势做一次调

第四章　顺应一切

查，我们邀请一群大学生志愿者每个星期登录一个指定的互联网网站，网站上的内容涉及许多通常会发生在大学生身上的典型事件，如经济困难、与男女朋友分手，以及许多成年人在他们的一生中可能会遇到的潜在创伤性事件的事件列表，我们要求参加研究的学生在列表上选出仅在过去一周经历过的事件，或者他们上星期登录时忘记勾选的事件。我们研究的重点是要求学生在整整四年的大学生涯中坚持这样做，这样到研究结束时我们已经得出此类事件发生频率的相对精确的图表。

我预计利用每周的互联网登录调查会比人们习惯通过回忆能捕获更多的潜在创伤性事件，当然到底能捕获多少是我无法预料的。平均每个学生四年报告的潜在创伤性事件数有六个，大约每年一两个。当然这些都是在纽约的学生中调查得到的数据，并且大城市背景下潜在创伤性事件发生的频率确实更高一些，但每年一两个的频率要比之前指导我们形成预期数据的大多数调查得出的结果要高得多。

产生以上差异最有可能的原因是，常规生活事件调查通常难以让人们回想起数年来曾经经历的事件。众所周知，人们极其容易忘记哪怕最令人不安的生活事件，所以一次性的调查可能难以完全捕获人们曾经遭遇的事件，与此相反，我们的在线调查要求学生记起一到两周内发生的事件，因此他们或多或少会在事件发生时把它们记录下来。

为了更好地测试人们忘记令人不安的生活事件的趋势，四年后我们请所有参加研究的学生再次回忆他们多久经历一次被调查过的每个事件，几乎所有参与者都表示，他们对先前曾报告过的潜在创伤性事件已经记不起来了。我们不能肯定这究竟是什么原因，但是结果肯定与大多数人能有效应对潜在创伤性事件的想法是一致的，人们只是不愿再思考曾经发生的事件罢了。

但并非所有潜在创伤性事件都容易被遗忘，有些事件是那么可怕，而且对我们的生活曾有过全面的影响，因此永远难以抹去。有些事件永远改变了我们的生活，有些事件改变了周围的世界，并成为我们共同的文化背景的一部分。

不可思议并令人难忘的事件

在第二次世界大战期间，伦敦大多数时间都逃过了德军的直接攻击，然而随着战争的拖延，形势开始趋于紧张焦灼状态，伦敦方面越来越明显地预感到德军正在计划展开一场无情的空袭，而自己就是其袭击的主要目标。每位伦敦人都知道前路布满荆棘而且可能会持续相当长的时间，尽管对袭击的预期让人极其头疼，英国政府还是开始尽其所能地准备应对袭击。为预防即将发生的突袭，孩子们被送到乡村的亲戚家里，有的孩子甚至和陌生人住在一起。英国心理健康机构也开始为可能到来的大范围恐慌

第四章 顺应一切

做准备，虽然当时人们对心理创伤知之甚少，但是伦敦的医院和诊所也为可能出现的情感关系问题腾出了空间。警笛声紧接着响起，可怕的飞机轰鸣声不久就响彻了云霄。

几年后位于另外一个半球的日本广岛市民越来越焦虑。美国的B-29飞机（日本人称为B先生）从地球的另一端来拜访他们，日本大部分主要城市已经被轰炸，但广岛始终没被击中，这是为什么呢？只留下广岛安然无恙是毫无可能的，预期中的轰炸似乎越来越肯定，整座城市都一直忙着准备迎接袭击：部分民众被疏散，应急站点准备妥当，避难所搭建完备，消防通道也已拓宽，每日拉响警示敌机临近的空袭警报已成为紧张的例行公事。

1945年8月6日的清晨，温暖的阳光在广岛上空照耀着，上午7时整空袭警报响起，人们开始按日常熟悉的线路走进避难所。[14]那天早晨日本雷达只探测到了三架美国飞机的信号，于是推测这次只是部分的侦察任务而不具有威胁性。上午8时整"警报全部解除"的信号发出，预示着世界天翻地覆之前一个平静而尴尬时刻的到来。

就在半个多世纪后另一个阳光明媚的早晨，纽约人按部就班地开始了一天繁忙的工作，有些人正从地铁站长长的楼梯爬上来，有些人已经坐在办公桌前喝着香浓的咖啡或者正为一天繁忙的工作做着准备。坐落在曼哈顿下城的纽约最高建筑物——世贸中心双子塔自身就像一座热闹的城市，每天都有多达五万人在那

077

里紧张地工作。

从双子塔高层看出去的景象有点令人吃惊,甚至也让人感到有点害怕。曾经有人担心双子塔容易受到攻击,就在几年前的一次摧毁大楼的恐怖袭击中,一枚汽车炸弹在一号塔楼底部的车库被引爆,这次袭击虽以失败告终,但很多人担心某一天可能会再次遭受袭击,或许下一次恐怖袭击会得逞也未可知。

* * *

与心理创伤最密切相关的情绪是恐惧,当我们感觉到即将发生人身危险和受到伤害的可能性时就会体验到恐惧情绪。危险情境会引起一系列的情绪反应,如愤怒、厌恶,还有也许是最为常见的悲伤情绪,但产生恐惧的原因并不只有悬而未决的危害性和不确定感,还有不知道伤害可能会造成什么后果的预期,以及我们可以做些什么来阻止可能产生的后果的想法。[15]在这种情况下体验到恐惧情绪是很自然的事情,同时情绪也是可以自我调适的。恐惧情绪引发战斗或逃跑反应,我们睁大眼睛,收紧肌肉,快速呼吸,心跳猛烈;我们富氧的新鲜血液从内脏撤出,移向肢体的大肌肉群,以便更有效地出击或随时跑走。

当炸弹开始降落,伦敦人有太多的理由应该害怕,德军的明确意图是以凶猛强烈的阶段性攻击使英国人士气低落而最终投

第四章 顺应一切

降，这次袭击被称为 Blitzkrieg（德语有"闪电战争"的意思）。尽管德国人的目标没有实现，但造成的伤亡和破坏让英国人吃尽了苦头，在随后不到一年的时间里，成千上万的伦敦人丧生，无数的家园和标志性建筑物被损毁。

当第一颗原子弹在广岛爆炸时，瞬间产生了壮观的爆裂光束，40000人当场被炸死。尽管爆炸时雷鸣般的轰鸣声绵延到20英里开外，爆炸点附近的幸存者竟然把它描述成"令人目眩的无声闪电"[16]。人们瞬间好像被冻住了一般呆若木鸡。短暂而离奇的停顿后，不可思议的爆炸结果发生了，那些最接近爆炸中心的人因为灼热当场死亡，很多人被烧得面目全非。离爆炸中心远一点的人衣服被损毁，眼镜、工具、家用器皿等被炸得到处都是。人、物品、建筑物，几乎所有一切似乎都被炸飞或炸得底朝天，很多人被埋在瓦砾堆里。

袭击过后不久，随着被惊呆的广岛市民开始清醒并从废墟中爬出来，大火开始来势汹汹地蔓延到城市的每个角落，起初只有星星点点的火苗，但爆炸所造成的热量和空气流动助长了火势，无情的火舌吞没了城市的大部分地区。那些能自己或者被搀扶着走动的人都挣扎着来到安全地带，很多困在废墟中的人不得不留在原地等死。

广岛原子弹袭击所造成的死亡人数难以预料，爆炸点周围半英里内95%的人当场毙命，接下来几天还有数千人相继离世。那些在最初的爆炸中幸运生还的人大部分罹患噩梦般的伤病,如烧伤、流血、溃烂和内出血,针对伤病哪怕是最为粗略的医疗救治也是在几天后才实施,多数情况下幸存的人只能眼睁睁地看着身边的人痛苦地死去而无能为力,许多没有直接受到影响的幸存者最终也不得不屈服于放射病的可怕后果而苟且地活着,生不如死的痛苦无尽地延续下去。[17]

将所有这些苦难糅合在一起的是新奇的原子武器。广岛市民对城市所发生的一切一头雾水,许多幸存者起初认为自己只是常规炸弹爆炸的受害者,但当损害的范围被探明,并证实了明显有一股更大的力量在发挥作用时,各种推测不胫而走,是炸弹簇集中爆炸,还是汽油或其他高挥发性化学物质洒遍全城后被点燃引爆?开始时这些猜测都无关紧要,生存才是生死攸关的大事。辐射中毒的长期影响在袭击几个星期后开始显现,关于炸弹性质的恐惧和不安随即开始蔓延。

2001年9月11日的恐怖袭击的情形完全不同,袭击造成的损害范围更大,但9·11恐怖袭击与广岛原子弹爆炸也有些相似之处,袭击之前似乎没有任何征兆,袭击之后的恐惧和不安绵延数月。现代城市到处可见耸入云霄令人目眩的高层建筑,这些建筑已成为城市的象征。有时为了建造新的建筑,不得不将原有的旧建筑结构全部移除以便腾出空间,这种移除通常采用控制性内部定向爆破的方式,从来没有人能够想象如何拆除双子塔这么高

第四章 顺应一切

的建筑物，然而一小撮恐怖分子演示了如何轻松办到的全过程。

因为这一天恐怖分子实施撞击的时间较早，人们还没有完全走进双子塔内，因此很多人被及时疏散到了安全地带。其实很少有人会预料到双子塔有一天会坍落下来，当双子塔真的开始坍塌时，停留在楼里或者附近的人无一例外地全部丧生，这次恐怖袭击总共造成3000人死亡。由于估计袭击事件将会造成大量的受伤人员，整个纽约地区的医院和诊所都尽量腾出了病房，并在接下来的几天组织了大规模的救援工作，对建筑物废墟堆进行了排查，希望能从中营救出幸存者，但可悲的是几乎没有幸运存活的人。

* * *

炸弹、辐射和恐怖主义：有计划和针对无辜民众实施的恐怖行为让人如何能忍受？

简单的事实是人类历史充斥着这种行为，形式可能有所不同，技术可能有所不同，但大规模的暴力行为一直是人类行为的一部分。

我们在一定程度上设法忍受这种行为造成的一切后果，但过程中恐惧情绪大行其道，我们只能英勇面对，斗争可能要持续几小时、几天、几个星期，或者更长时间，但最终我们大多数人总

能找到属于自己的重获平衡、继续生活的方式。

虽然伦敦人最初对闪电行动的启动感到害怕,但他们很快就逐渐习惯了不断发生的威胁[18],医疗诊所只接收了很少几例心理障碍病患,精神疾病患者或需要治疗的心理疾病患者就更少。在受打击程度最大的重点区域,幸存者受到"瞬态情感冲击"和罹患急性焦虑的可能性比较大,然而这些案例中大部分人都"自我痊愈或符合精神病学急救的最简单要求",而他们通常所得到的只不过是休息和同情。[19]针对民众应对轰炸反应的官方报道重点突出了亲眼所见的反映人们出人意料的强大复原能力的真实经历[20]。

尽管广岛充斥着大屠杀和苦难,可调查获得的数据再次为人类强大的复原能力提供了确凿的证据。[21]袭击后不久,很多人都确定有急性恐惧和焦虑症状,他们怎么能没有呢?巨变之后是无尽的悲伤,对许多人来说,这次袭击所造成的破坏和损失简直是永无止境的,然而许多幸存者表现出了顽强的乐观精神。田村·施奈德,一个经历过广岛轰炸的十岁孩子,描述了当初在袭击后努力寻找家人时的恐惧无奈的感受。她目睹了一个孩子本不该看到的景象:烧得面目全非的尸体,如僵尸般行走着的人群,对逝去亲人哀悼的无数朋友和陌生人。她孤独无助地完全凭着自己的坚强意志在继续前进。"不知那是从哪儿冒出来的,"她回忆道,"内心一直有个声音在对我说:'现在只有靠你自己了,秀子,你要坚强,只有你能把梦想变成现实。'"[22]

第四章 顺应一切

在回忆轰炸之后几天的情形时,约翰·赫西说道:"有一种奇特的兴高采烈的团体精神,就像闪电行动过后伦敦人和幸存的同胞们以勇敢面对令人恐怖的严峻考验为傲。"[23] 有些人感受到一种奇妙的平静,甚至是近乎宁静的体验,他们采取古老的诙谐幽默和轻松逗笑的方式来设法让自己重新打起精神。

孩子们一如既往做好了准备,并把经历的这一切当作一场游戏。中村家的两个孩子都被检测确认辐射中毒,然而他们仍然为身边发生的一切而痴迷,都"为看到一辆坦克被爆炸产生的气流掀起而兴高采烈,男孩敏雄大声喊其他伙伴观看河面美丽的倒影"[24]。事后不久,敏雄便"无拘无束地谈话,甚至是愉快地谈起这次经历"。几个月后他再回忆起这场灾难时甚至把它当作一场"令人兴奋的冒险游戏"[25]。

成年人也能在混乱中找到片刻安慰。居住在广岛的德国牧师科林·瑟治神父在袭击中受了伤,但他依然拖着受伤的身体到城市各处给予他人关怀。他不厌其烦地往返于住处和被安排作为疏散点的公园,为源源不断被运来的严重烧伤的生还者送水,然而就在这令人震惊的场景中,"他看到一个年轻的女子正用针线缝补着一件略有破损的和服。'呀,你真是个好打扮的人!'他对那个女子说。而她只是笑了笑算作回应。"[26]

除广岛外,日本另一个遭受原子弹袭击的城市是长崎,在一本关于长崎的回忆录中(轰炸发生在 1945 年 8 月 9 日),永井大夫描述了他曾与一群同事艰难跋涉,从一个村庄到另一个村庄去照料伤员。"每个人都精疲力竭,忍受着极度的疼痛,随时都会崩溃。"尽管如此,他们还是从自己的所作所为中发现了乐趣,"然后我们一齐开怀大笑,甚至都忘记了路途的遥远"。永井大夫在回忆录中还讲述了一位女护士在轰炸后多次往返,运送伤员到安全区的故事。运送伤员的任务让她充分感受到"从未有过的深度愉悦,那是一种伴随着深度幸福感受的崇高的喜悦"。她意识到如果她帮助过的人有幸能够活下来,他们永远不会知道她曾经挽救过他们的生命,"当她想到这点时,脸上露出一抹甜美的灿若云霞般的微笑。"[27]

也许人类复原能力最突出的证据是广岛和长崎人民开始重建家园的神奇速度。爆炸后不到两周,广岛银行就重新开放并恢复了面向全城的业务。一个月之内,当探测确定城市本身没有放射性危险后,居民们陆陆续续返回家乡重新开始生活,城市到处涌现出简陋棚屋和临时用房。许多幸存者回到以前居住的地方,着手在废墟中修建家园。袭击后三个月内广岛的人口已比战前快速增加了三分之一以上。

长崎的情形也同样如此,美国军事记者乔治·韦勒曾做过第一手的调查,他在调查中描述爆炸后仅28天的情景,"来自本州和九州南部的火车挤满了返家的人群,笔者只能从人群中挤进行李车厢,有些难民只能骑在火车头排障器上……但他们又回来

第四章　顺应一切

了,数以百计的人沿着长崎火车站在爆炸后仅存的混凝土月台向外涌出,他们的全部财物用一块大丝巾绑扎着或者装在帆布背包里扛在肩上。"[28]很多人就像所有灾难中常见的情形那样,在袭击后都经历了急性情绪应激反应,但这些反应的持续时间通常不会超过几天,顶多也就只有几个星期。[29]只有很少一部分遭受破坏的人情绪会持续低迷,或者表现出其他类型的长期精神症状。

为了更广泛地切身体验爆炸带来的心理冲击,美国军方在广岛和长崎爆炸大约三个月后,进行了日本全国范围的民意调查,尽管爆炸造成的破坏是难以挽回的,但这次调查中几乎没有发现持续发作的精神疾病案例。除此以外,调查还发现广岛和长崎及周边的幸存者的精神状态与不曾遭到轰炸的日本其他地区人群没有本质上的不同,而且他们对于美国的敌意和未来的绝望程度都相当低。[30]

发生在我们所生活年代的对美国世贸中心实施的9·11恐怖袭击,如果不说是震惊全世界的重大事件,那起码也已令美国公众为之愕然,并且一段时期以来似乎成为人们不能不谈论的话题,然而事实证明,纽约人很快就适应了9·11恐怖袭击带来的影响,而且情况非常好。就在9·11恐怖袭击六个星期后进行的一次大规模随机家庭调查中,数据显示,只有数量非常少的曼哈顿区居民的创伤反应已经严重到足以符合创伤后应激障碍(PTSD)的定义标准[31],原本程度已较低的创伤反应的恢复和降

低速度之快则更为令人吃惊。袭击事件发生后四个月,纽约地区的 PTSD 患病率已降到仅为几个百分点,六个月后就几乎消失了。[32]

当然,没有被诊断为 PTSD 或其他精神病症只是一个方面的问题,但纽约城有多少人在 9·11 恐怖袭击之后能够维持良好而稳定的心理健康水平呢?为了揭开这个谜题,我与最初曾进行过调查的研究人员联手,共同分析了他们此前对包括五个行政区在内的整个纽约市区,以及相邻的新泽西州和康涅狄格州部分地区的调查结果,发现袭击后的最初六个月,绝大多数居民并无任何创伤症状,甚至也没有出现过任何其他类型的心理问题;如果我们把关注范围缩小到离攻击点很近的居民,也就是那些居住在曼哈顿市中心世贸中心遗址附近的人,他们中表现出复原状态的人所占比例只比前面的数据略有下降;如果只关注那些直接遭受攻击,也就是袭击时正好在世界贸易中心内的人,我们仍然发现大多数人也没有明显的创伤迹象。

9·11 恐怖袭击中丧失亲人或朋友的人情况又怎么样呢?9·11 恐怖袭击造成的最痛苦的后果可能是袭击当天亲人或朋友没有安全返家所带来的不确定感。虽然双子塔倒塌事件的幸存者寥寥无几已是不争的事实,但仍旧存在一个人在袭击后受了伤或迷失了方向但是还活着的可能性,很多人都会本能地努力抓住他们能做到的哪怕是最后的一丝希望,于是纽约市中心贴满了寻找失踪

第四章 顺应一切

亲人的告示，但随着时间的推移，这仅存的唯一希望不得不在现实面前破灭，取而代之的是念头断灭后的忧郁和伤感。

我们研究小组还进行过一项更深入的访谈调查，调查数据表明在9·11恐怖袭击中的每一位丧亲者都和其他情况下的幸存者一样具有很强的复原能力。这一类丧亲者半数以上已经没有任何明显可测量的创伤反应，也没有抑郁症状，并且与参与研究的其他人相比，出现其他类型心理问题的程度也处在最低水平。[33]

不过9·11恐怖袭击对一小群丧亲者而言尤其难以应对，这些人不仅失去了亲人，并且亲眼目睹了袭击的部分过程，从本质上说他们所经历的是创伤性丧失，其涉及哀伤过程的极度悲伤、侵入性闪回以及与创伤相伴的焦虑情绪，这种反应通常发生在亲人死于暴力事件后。[34]当那些可怕的事情发生时，幸存下来的亲人和朋友不仅必须面对丧失带来的普遍空虚和失落，而且他们的脑海中还留下了所爱之人临终时刻那些令人不安的形象和画面。

对很多第一时间目睹了9·11恐怖袭击场景的人来说，亲人离去的痛苦简直是难以忍受和排解的。有些人依然记得当时明明知道或者后来才发现逝去的亲人被困时，他们曾经那么无助地望着弥漫着烟雾的天空的感受。无处不在的媒体反复播放着恐怖袭击的场景，似乎要将那些悲惨画面深深封存在人们的集体记忆中，让人几乎不可能不去细想。经历过这种丧亲之痛的人数占到严重创伤反应病患的最大比例，其中略低于三分之一的人符合

PTSD 诊断标准,是所有事件中产生 PTSD 病例比例最高的,然而同样经历过这些惨状的人中根本没有创伤反应的也占三分之一,即三个人中有一个人。

传染病

恐怖袭击就像战争一样严苛困苦,其并非人们可能会面临极端灾难的唯一形式,还存在自然灾害。人类有史以来大规模的生物传染病一直是具有潜在破坏性的生存威胁,例如中世纪时期曾经席卷欧洲的黑死病,其大肆传染流行过程中死亡人数不断上升,丧命者几乎不计其数;近代还曾经有过疟疾瘟疫流行;20 世纪早期大规模的黄热病疫情不断蔓延。

历史上最可怕且威胁范围涉及全球的生物传染病之一就发生在短短数年前,疾病的专业全称叫严重急性呼吸系统综合症,或者简称为 SARS。2002 年下半年第一例 SARS 患者首先出现在中国,大多数人都知道 SARS 是一种呼吸系统疾病,但除此之外别无所知,没有人能够确认疾病的源头,或者说出引发这一疾病的原因,而且最为重要的是没有找到如何阻止其传播的途径。

SARS 最初的临床症状与感冒类似,包括发热、嗜睡、肠胃问题、咳嗽和喉咙痛等,紧随其后的通常是更加严重的呼吸问题。总体而言,经证实的 SARS 死亡率大约为 7%～15%,其中感染病毒的年轻人死亡率最低，而老年人相当高，65岁以上的感染者最终死于并发症的比例竟高达的50%。[35]

中国香港地区是受SARS打击最严重的地方之一，大约有1800人被感染，死亡人数差不多有300人。疫情过后我曾在香港度过了两个夏季，期间我与好友兼同事塞缪尔·何一起在香港大学开展研究工作，并且还与香港大学行为健康中心主任塞西莉亚·陈进行过长时间的讨论，从塞缪尔、塞西莉亚及其他人那里我了解到更多有关SARS对这座城市产生的近乎恐慌的影响。

SARS因为没有现成有效的治疗方法而显得特别恐怖，治疗中唯一可以采用的补救办法只能是退烧药物和医学强制手段。感染者通常情况下被医学隔离，并且通过不断进行身体指标检查来控制疫情的蔓延，但是隔离手段对于面临着疾病有恶化甚至死亡可能的人来说确实是很难适应的。而且通过医学强制手段来应对疫情的想法，对香港这座坐落在海上小岛的城市来说更显得阴森可怖。SARS疫情泛滥时，连接香港和中国大陆之间的通道受到管制。

随着SARS疫情的进一步蔓延，香港人开始担心整座城市可能会被封锁，他们可能要被遗弃在这座岛上等死。那些住在医院里的SARS患者透过病房的门窗了解到外面的恐慌形势，被禁止探视的亲人和朋友常常只能站在医院附近的某个固定位置，通过手里的标语牌传达信息。如果住在医院里的亲人设法从医院的窗户往外看，展现在他们面前的会是怎样一幅惊人的景象：一群群戴着防护面具的人挥舞着海报和标语，上面是一行行鼓舞人心的话语："我们爱你们"，"我们不会放弃你们"。

我和塞缪尔·何决定就经历过SARS疫情的香港幸存者对这场传染病的看法展开调查。[36]因为香港医院系统由中央政府机构统一管理运营，我们可以集中对1000位香港居民从被感染、住院治疗到最终痊愈出院过程中的心理健康状况进行跟踪调查。通过调查，我们在这些幸存者痊愈出院一年半后绘制出了反映他们在几个不同时期的整体精神健康状况的图表。

鉴于SARS带来的精神压力着实太大，我们预期有大部分幸存者可能会出现慢性心理问题，随着调查工作的深入开展，得到的结果比我们预想的更糟糕。每一次调查评估都有超过40％的幸存者心理功能不健全，刚开始看到这些调查数据时我深感不安。

然而多次面谈后我们也从中发现了大量关于复原能力的证据，SARS疫情对某些人来说是势不可挡的，但大批的幸存者仍保持着近乎完美的心理健康状态，尽管他们因为治疗危及生命而又神秘的呼吸道疾病而住进了医院，尽管他们知道没有现成有效的治疗手段，尽管他们将被遗弃的恐慌和谣言似乎传遍了街头巷尾，但他们还是从跌倒的地方站了起来。作为一个承载着无数热望的城市，香港发生了改变，而那些由于SARS住院治疗的人也因为这次特殊的经历毫无疑问地发生了改变。他们很快又重新回到以前习以为常的生活轨道，尽管方方面面表现得更加谨慎，但他们依然继续着健康而生机勃勃的生活。

* * *

为什么遭遇了相类似的悲剧事件、相同形式的生命丧失抑或同类别的潜在破坏之后，有些人明显深陷囹圄遍体鳞伤且难以自拔，而有些人却能排除万难毫发无损地继续看自己的生活？这显然是一个复杂的问题，答案不可能简单，但是科学已经开始着手把无数的疑问联系在一起进行思索。

注释：

1. G. A. Bonanno, "Loss, Trauma, and Human Resilience: Have We Underestimated the Human Capacity to Thrive After Extremely Adverse Events?" *American Psychologist* 59 (2004): 20-28.

2. 进化心理学家 Geoffrey Miller 和 Lars Penke 的观点被 Constance Holden 用简短的报告进行了总结，详见："An Evolutionary Squeeze on Brain Size," *Science* 312 (2006): 1867.

3. H. G. Birch and J. D. Gussow, *Disadvantaged Children: Health, Nutrition, and School Failure* (New York: Harcourt, Brace, & World, 1970); Children's Defense Fund, *Maternal and Child Health Date Book: The Health of American's Children* (Washington, DC: U. S. Government Printing Office,

1986); and N. Garmezy, "Resiliency and Vulnerability to Adverse Developmental Outcomes Associated with Poverty," *American Behavioral Scientist* 34 (1991): 416-430.

4. J. G. Noll et al., "Revictimization and Self-Harm in Females Who Experienced Childhood Sexual Abuse: Results from a Prospective Study," *Journal of Interpersonal Violence* 18, no. 12 (2003): 1452-1471, and J. L. Herman, *Trauma and Recovery* (New York: Basic Books, 1992).

5. S. Thompson, *The Folktale* (Berkeley: University of California Press, 1977); A. Dundes, "Projection in Folklore: A Plea for Psychoanalytic Semiotics," *MLN* 91 (1976): 1500-1533; and V. Propp, *The Morphology of the Folktale*, 2nd ed. (Austin: University of Texas Press, 1968).

6. Tatiana Serafin, "Tales of Success: Rags to Riches Billionaires," *Forbes*, June 26, 2007, http://www.forbes.com/2007/06/22/billionaires-gates-winfrey-biz-cz_ts_0626rags2riches.html.

7. A. M. Masten "Ordinary Magic: Resilience Processes in Development," *American Psychologist* 56 (2001): 227-238. 术语"神童"在有关复原能力综述的论文标题中被使用: S. E. Buggie "Superkids of the Ghetto," *Contemporary Psychology* 40 (1995): 1164-1165.

8. N. Garmezy, "Resilience and Vulnerability to Adverse Developmental Outcomes Associated with Poverty," *American Behavioral Scientist* 34 (1991): 416-430; L. B. Murphy, and A. E. Moriarty, *Vulnerability, Coping, and Growth* (New Haven, CT: Yale University Press, 1976); M. Rutter, "Protective Factors in Children's Responses to Stress and Disadvantage," in

第四章 顺应一切

Primary Prevention of Psychopathology: Social Competence in Children, vol. 3, ed. M. W. Kent and J. E. Rolf, 49-74 (Hanover, NH: University Press of New England, 1979); and E. E. Werner, "Resilience in Development," *Current Directions in Psychological Science* 4, no. 3 (June 1995): 81-85.

9. S. S. Luthar, C. H. Doernberger, and E. Zigler, "Resilience Is Not a Unidimensional Construct: Insights from a Prospective Study of Inner-City Adolescents," *Development and Psychopathology* 5, no. 4 (1993): 703-717.

10. A. J. Reynolds, "Resilience Among Black Urban Youth: Prevalence, Intervention Effects, and Mechanisms of Influence," American Journal of Orthopsychiatry 68, no. 1 (1998): 84-100.

11. G. H. Christ, *Healing Children's Grief* (New York: Oxford University Press, 2000).

12. F. H. Norris, "Epidemiology of Trauma: Frequency and Impact of Different Potentially Traumatic Events on Different Demographic Groups," *Journal of Consulting and Clinical Psychology* 60 (1992): 409-418.

13. W. E. Copeland et al., "Traumatic Events and Posttraumatic Stress in Childhood," *Archives of General Psychiatry* 62 (2007): 577-584.

14. 这篇文章在很大程度上依赖于John Hersey的优秀散文:"Hiroshima",首次整版发表于:*New Yorker*,August 31, 1946,后来以单行本书籍形式出版:J. Hersey, *Hiroshima* (New York: Knopf, 1946).

15. R. S. Lazarus, *Emotion and Adaptation* (New York: Oxford University Press, 1991).

16. Hersey, Hiroshima.

17. J. I. Janis, *Air War and Emotional Stress* (New York: McGraw-Hill, 1951).

18. J. I. Janis, *Air War and Emotional Stress* (New York: McGraw-Hill, 1951).

19. J. I. Janis, *Air War and Emotional Stress* (New York: McGraw-Hill, 1951), 86.

20. S. J. Rachman, *Fear and Courage* (New York: W. H. Freeman, 1978).

21. Janis, Air War.

22. Hideko Tamura Snider, *One Sunny Day: A Child's Memories of Hiroshima* (Chicago: Open Court, 1996).

23. Hersey, Hiroshima, 114.

24. Hersey, Hiroshima, 64.

25. Hersey, Hiroshima, 118.

26. Hersey, Hiroshima, 69.

27. Takashi Nagai, *The Bells of Nagasaki*, trans. William Johnson (New York: Kodansha International, 1984): 37-76.

28. George Weller, *First into Nagasaki* (New York: Crown, 2006).

29. Janis, Air War.

30. Janis, Air War.

31. S. Galea et al., "Psychological Sequelae of the September 11 Terrorist Attacks in New York City," *New England Journal of Medicine* 346 (2002): 982-987.

第四章 顺应一切

32. S. Galea et al., "Trends of Probable Post-Traumatic Stress Disorder in New York City After the September 11 Terrorist Attacks," *American Journal of Epidemiology* 158, no. 6 (2003): 514-524.

33. G. A. Bonanno, C. Rennicke, and S. Dekel, "Self-enhancement Among High-Exposure Survivors of the September 11th Terrorist Attack: Resilience or Social Maladjustment?" *Journal of Personality and Social Psychology* 88, no. 6 (2005): 984-998.

34. S. Zisook, Y. Chentsova-Dutton, and S. R. Shuchter, "PTSD Following Bereavement," *Annals of Clinical Psychiatry* 10 (1998): 157-163; G. A. Bonanno and S. Kaltman, "Toward an Integrative Perspective on Bereavement," *Psychological Bulletin* 125 (1999): 760-776; and S. Kaltman and G. A. Bonanno, "Trauma and Bereavement: Examining the Impact of Sudden and Violent Deaths," *Journal of Anxiety Disorders* 17 (2003): 131-147.

35. World Health Organization, *Update 49-SARS Case Fatality Ratio, Incubation Period*, May 7, 2003, http://www.who.int/csr/sarsarchive/2003_05_07a/en.

36. G. A. Bonanno et al., "Psychological Resilience and Dysfunction Among Hospitalized Survivors of the SARS Epidemic in Hong Kong: A Latent Class Approach," *Health Psychology* 27 (2008): 659-667.

第五章　究竟是什么伴你度过黑夜？

当失去某个重要的人物时，我们拥有的只有关于他的回忆。我们从心里盼望着逝去的亲人能重返身旁，头脑中所想的也是和他们有关的一切。我们知道亲人虽已离去，但记忆依然会相伴左右。有时对失去亲人的回忆强烈到常常把我们欺骗，偶尔记忆会习惯性地穿越时空，覆盖了思想中的所有其他系统，让我们暂时忘记亲人已然离去的事实。

希瑟·林德奎斯特正站在自家车道上和邻居交谈，这时屋里的电话铃响了起来。"我得去接电话，"她告诉邻居，"肯定是约翰，他总是这个时候打来电话。"希瑟的邻居表情奇怪地看着她，希瑟突然意识到她刚才说出的话听起来一定很古怪，因为约翰已经去世几个月了。

对逝去亲人回忆的那种顽固魔力常常让人联想到，或许那段已经消逝的关系的质量就是寻找复原能力线索的关键所在。根据传统的丧亲理论，我们在亲人活着时与之相处的方式决定了我们排解因他们逝去而生发悲伤的模式，因此哀伤行为的痛苦感受中包含着一个重要信念：没有因悲伤而衰弱不堪的人必然与逝者感

第五章 究竟是什么伴你度过黑夜？

情疏远，因此他们之间的关系也必然是肤浅或冲突不断的。[1]这是一个相当简单的理念，但是我们可以用事实非常轻松地推翻它，那就是复原能力强的人表现得格外健康，因此也能够推断出他们必然有一段非常健康的人际关系。

现实生活中很多重要的人际关系都有其复杂和特殊性，这种关系也会随着外界的变化不断改变，而且变化的余地还很大。凯伦·埃弗利和她的女儿克莱尔之间的关系简直是完美的典范，凯伦全身心地爱着克莱尔，但她告诉我在克莱尔还是小姑娘的时候，她们之间就矛盾和冲突不断，有时候甚至爆发战争。"克莱尔一直是个火爆脾气，即使当她还是个小女孩的时候。我记得她还不到七八岁的时候，有一次她发脾气要扔掉那些华丽的儿童套装。"凯伦记得，"当时我不得不把所有的窗户都关上，这事现在说起来好像很可笑，但当时我可不这样认为，你知道，我的意思是，邻居们肯定不知道究竟发生了什么。"最后克莱尔终于安静了下来，母女之间的战斗也随之停止了，但是她的坏脾气从来没有改变过，这确实也是凯伦一直以来必须要特别面对的问题。"克莱尔有时会表现出温柔的女孩子的一面，但我更喜欢她的坚韧个性，我想这也是我潜移默化的影响。我自己从事商务工作，并清楚对于一个女人来说，要在这个世界活出些她自己的意义到底意味着什么。"

随着年龄的增长，克莱尔似乎越来越和母亲的美好意愿达成了一致，就在她要上大学准备第一次离家之前，克莱尔提出要和母亲一起去散步，开始她们只是慢慢地走着，彼此间没有任何的交流，克莱尔看起来似乎心事重重，接着她打破了沉默。"她告诉我，她一直在思考母女关系的问题。"凯伦说。克莱尔观察了她的朋友们和他们的母亲们，并反思了她与自己母亲的关系，同时认真思考过她想成为什么样的人。克莱尔谈话过程中很注意措辞，当她把自己的想法和盘托出时，凯伦忍不住掩面而泣。"她告诉我，总体上她对我的所作所为感到满意，我是她一直想要拥有的母亲。她说这也是她为什么为自己的未来感到兴奋的缘由。这些话对我的影响之大我难以用言语表达。"

希瑟·林德奎斯特和她的丈夫约翰的关系却远没有那么简单。希瑟非常钦佩约翰，"说实话约翰的确是个好人，他是一位生性慷慨大方、善良可靠的丈夫和慈爱的父亲。"当我问及他们之间是否有分歧时，希瑟想了很久也没能举出具体的事例，"我不能说我们之间从来没有遇到过问题，但我们在一起的生活相当不错。我们很少抗争，甚至连激烈的争论也从来没有过。"

但希瑟有时也对他们相互之间的独立关系深感疑惑，"我经常会体验到那种貌合神离的感觉，我想你知道我要表达的意思，就像是我们虽然同在一个关系里却各自打发着时间。"她思考了一会儿，然后又陷入长长的哀思中。"相互独立似乎是一种很好的状态，因为我们可以各自发展——我们可以成为不同的人，我

第五章 究竟是什么伴你度过黑夜？

一直以为这是我们能和谐相处的主要原因之一，但我现在不确定是否还欠缺了些什么，不知道那到底是什么——也许是相互碰撞产生的火花。我们已经做了这么久的夫妻，我不能也无法记起一个人独处的情景。"她解释说，"我现在没有理由去担心这个问题，但我难免会反问自己：我们的关系真的有这么好吗？我们彼此真心相爱吗？我们都非常在乎对方，而且我认为我们是相处融洽且关系稳定的夫妻，但有时我又怀疑我们是否建立了每个人都期待的那种关系——你知道，那种幸福的夫妻关系。我不再想去弄清过去究竟意味着什么，我只希望能再次看到约翰的脸，看到我和他说话时他会做出怎样的反应。"

我约见过数不清的丧亲者，他们中大部分人都能很好地应对哀悼中的痛苦，看上去似乎没有清晰的区别模式，在描述过去的经历时也没有特别的主题，这一切也可以看作对他们复原能力的解释。他们似乎很少拥有如传统理论预想的那样表面或肤浅的关系，他们所描述的故事似乎也与健康的人际关系并不一致。

如果说丧亲之痛中存在着某种恒定不变的东西，那就是大多数丧亲者都倾向于把死去的亲人理想化，这也是很自然的事情。哀悼的悲痛不断提醒着丧亲者亲人的离去意味着什么，以及他们的存在给生活带来了什么。不论这些是什么，都因为不能再次拥有而赫然耸现在生者面前。整个研究过程自始至终都确凿地证实了这种崇拜现象的存在，研究的结果也证明了复原能力并不是独

一无二的事例，几乎每个人最起码都会从正面一点的角度去看待对逝去亲人的回忆。

然而与逝去亲人关系的质量对成功应对丧失究竟意味着什么呢？几年前我得到一个揭开这个谜底的机会，我应密歇根大学卡米尔·沃特曼教授和她的同事们之邀，协助分析一项长期单模项目的研究结果，该项目旨在研究老年夫妇生活的改变，项目简称CLOC。卡米尔和她的同事们所做的就是会见约1500个已婚人士，并对他们进行为期近十年的随访。[2] 一路走来其中有些人的配偶去世了，卡米尔和她的同事每隔一段时间对那些失去亲人的存活者进行会谈，这些访谈从丧亲之前到丧亲之后的多个时间点对他们的人生进行了一次快速的掠影。

加入CLOC研究团队后，我的目标首先是识别出那些有复原能力的丧亲者，也就是在配偶死亡之前或之后没有任何抑郁迹象，以及在丧亲过程中各个时间点几乎没有一点悲伤的人。到目前为止参与这项研究的丧亲者实际上毫无意外地有近一半符合要求，他们的婚姻经历如何？他们曾经又是什么状况呢？正如我在会谈中碰到的其他丧亲者一样，有复原能力的丧亲者婚姻质量和其他人的并没有太大分别，换句话说，人际关系本身并不是确定谁会更好应对丧亲的因素。当然婚姻质量也并非无关紧要，负面的婚姻特点会更加清晰地预示着未来丧亲过程中严重的悲伤反应，这个问题要另当别论，我们会在第七章中谈及，在此要着重

第五章　究竟是什么伴你度过黑夜？

强调的一点是不存在促成最健康的悲伤形式的关系模式的基本规则。

有复原能力的人本身并没有规律可循，在研究初期，也就是配偶去世几年前，每个人都接受了约见，那些最终失去配偶但复原能力强的群体的会谈评估结果和其他人的相差不多，他们没有像传统丧亲理论家长期以来所预测的那样冷酷无情，但也没有表现出格外的热情。

我们的研究还有一些重要的发现，我们与亲人的关系未必能决定在亲人离去后我们是否能够恰当应对丧亲之痛，而且任何人都不是必然会成为应对丧亲的世外高人。[3]

在记忆中寻求慰藉

在悲伤反应过程中人际关系的质量并不如预期中那么重要，其原因是我们的悲伤反应并非因为某个事实，也就是说，我们不是因为关系中的真实细节，而只是因为对关系的记忆感到伤心。而且我们悲伤反应的方式也不是由记忆的准确性来决定，而主要取决于在丧亲过程中我们如何与记忆相处、如何从记忆中体验并获得什么。

在珍妮特死后，丹尼尔·利维逐渐体会到并感激妻子曾经给予他找寻内心平静的帮助，这种人生体悟也进一步帮助他从容应对妻子死后的悲伤。"通常情况下,"丹尼尔告诉我,"尤其是在她死后第一年,当我轻声召唤她,当有她和我相伴时,那神圣的宁静片刻就会降临到我身边,和她有关的记忆就像缕缕轻雾把我轻轻缠绕,就像笼罩在她曾带给我的温暖和爱的光芒中。"

凯伦·埃弗利时常会想起克莱尔,仿佛克莱尔仍然时时处处和她在一起,那些令人心灵宽慰和思绪平静的回忆随时能被唤回到她的眼前,包括克莱尔的童年点滴、每一个成长足迹,抑或只是全家一起的日常生活景象,在餐桌旁欢快用餐、在公园里安静散步或共同照看爱犬等温馨画面,串成一本厚厚的回忆录。和克莱尔相关的形形色色的无尽回忆在她的召唤下来到身边,让她感觉就像克莱尔依然与她生活在一起。

茱莉亚·马丁内兹通过翻看老照片来回忆她与父亲在一起的点点滴滴,她的这种回忆父亲的方式目的相当明确,甚至有点少年老成的意味。她时常会选择一段不被打扰的合适时间来回忆父亲,关上房门独自待在屋子里,一张一张仔细地翻看着照片,她的眼睛和思绪在一个个过往的场景中漫游着:"我好像某种程度上在一次次地拜访他,你知道,有时候想起他会让我止不住伤心落泪,但通常情况下我感觉不错。这样做让我记起在他活着时我有多么幸运,更像是他依然活着的情景。"

希瑟·林德奎斯特有意努力保持着关于丈夫约翰的那些积极回忆,她感觉以自己目前的生活状况来说,她对儿子们有愧,孩

第五章 究竟是什么伴你度过黑夜？

子们应该记住他们父亲的伟大形象，于是她把约翰的照片挂在房间明显的地方，并经常一起谈论有关约翰的话题，她依然把约翰的朋友当成家庭生活的一部分。她发现不经意间那些积极回忆时常偷偷来造访她："我无法忘记我们在一起这么多年的美好时光，那些记忆绝不会慢慢地就褪去原本的色彩。"

罗伯特·尤因发现唤起关于妹妹凯特的令人欣慰的回忆无需特别的努力，实际上大部分时间他不需要刻意搜寻就能做到这一点。凯特一直以来都占据着他个人和家庭生活的很大部分，她的身影无需提示到处显现。凯特的存在对罗伯特来说本身就意味着温暖和关怀。

并不是每个人都习惯于从悲伤的过程中寻找安慰，或许人们会认为这个想法有点怪异，但是表现出很强复原能力的人恰恰倾向于这样做。无论与逝去亲人的真实关系情景如何，复原能力强的人在丧亲期间一般更善于从既往关系的回忆中获得宽慰，他们也更容易在谈论死者时或者对其思念中找到安慰，正如他们在研究访谈中所描述的那样，这样做会令他们感觉到幸福和安宁。[4]

众所周知，丧亲者需要得到他人的安慰，在面临其所厌恶的情境的人身上我们也看到了同样的需求。以在贫困或受虐环境中幸存的儿童为例，他们在生活中通常有那么一个可以交谈并能够依赖的人，即使在其他人都已离去的情况下那个人依然还在，这个人可能是亲密的朋友知己，抑或是某个积极的成人。[5]对处境不利的儿童而言能够得到一位帮助者的关怀和支持,对于他们的身心健康有着非常有益的效果,甚至可以抵消遗传抑郁症状的风险。[6]对于遭遇潜在毁灭性事件,如战争、袭击或自然灾难等的成年人,情况也是如此,当有其他人可以给予帮助,他们一生可以不受干扰地如最初般顺利进展。[7]

由此而论,对于那些能够良好应对亲人的死亡,并最终能够接受丧失现实的丧亲者而言,能够从对逝去亲人的回忆中找到安慰不足为奇,他们深深知道他们所爱之人已然离去,但当思念和谈论死者时,他们感觉从来不曾失去什么。他们和逝去亲人的关系并没有完全消失,他们仍然可以回想起过往的经历,并在积极的经历分享中找到快乐,就像过往关系还鲜活地成为生活的一部分。

与此相反的是,那些因丧亲而被彻底击垮的丧亲者,很难保留积极的回忆,仿佛再也不能找到逝去亲人的信息,仿佛那段回忆已从他们身边隐去,仿佛哀悼之痛已然阻断了所有美好回忆。

C.S. 刘易斯在《痛苦的奥秘》一书中提供了这种挫折经历活生生的例子。刘易斯在妻子身亡后感受到强烈的悲痛,他在回忆录中用"H"代表妻子,在丧妻痛不欲生的严重时期,他担心自己正在失去关于妻子的回忆,他担心他所能忆起的关于她的一切在慢慢消退。但是当刘易斯的悲伤开始平息,当他开始从妻子的死亡中恢复过来,"意想不到"的事情发生了:"就在到目前为

第五章 究竟是什么伴你度过黑夜？

止我对 H 哀悼最少的那个瞬间，突然我对她的记忆达到最好的状态。那（几乎）是比记忆更美好的东西，一种瞬时的、难以言表的模糊印象，要说那就像一次会晤似乎有点过分，然而确实有让人用这个词来描述那种感觉的欲望，就仿佛一切障碍被慢慢升腾而起的悲伤冲开了……但神奇的是自从停止了担心，她似乎随时随地可以被看见。"[8]

回忆有种神奇的力量，即使看起来似乎已经永远失去了某人，但我们发现仍然有些东西继续保留着，有些东西在滋养着我们，有些东西如刘易斯所发现的，几乎是比回忆更加美好。

传统的丧亲理论倾向于用怀疑的眼光来看待这种记忆，这些理论坚持悲伤必然是令人不快的，复原能力只是一种错觉，人们宣称的从对失去亲人的回忆中找到的安慰只是应对丧亲现实的另一个障碍。从传统角度来看，令人宽慰的回忆无非只是一种虚幻的替代品，用以掩饰因深爱之人的死亡而产生的更为痛苦的事实，他们认为这些短期来看可能有些作用，但除此之外对健康是毫无益处的。

然而科学意义上的丧亲解析强烈反对这种理念，其实有复原能力的人比其他人更不可能以逃避和分散注意力的方式来作为应对丧亲之痛的策略，他们都不愿回避对丧亲的思考，或有意忙于用别的事情占据心灵以逃避直面伤痛。[9]重要的是要记住即使是那些有效地应对丧亲的人至少也忍受过苦恼和困惑，大多数丧亲者不断体验着一阵阵间或但强烈的对失去亲人的极度渴望的痛苦。所以如果说令人宽慰的记忆可以被认作否认的应激反应，那么它一定不会是非常有效的否认反应。

我更愿意把丧亲期间积极回忆的使用看作人类大脑灵活性的证据，积极的回忆和情绪使我们自己保持稳定，以便我们自身可以在充分许可的条件下面对丧亲的痛苦，保留安静沉思的片刻。随着时间的推移，我们会任凭自己在积极回忆和消极回忆之间来回反复，这种以前后模式进行的振荡演变而来的灵活性，在丧亲后不久便自然地产生了。[10]丧亲之后不久多数人都体验到极度的悲伤，过程中伴随着一阵阵周期性爆发的积极情绪。这种短期的摆动暂时缓解了伤痛并保持与周边其他人的联结，我们这样做可以逐步适应丧亲事实。

随着时间的推移悲痛进一步消退，丧亲者的生活接近了常态，当痛苦情绪被拉长以及对失去亲人的渴望逐渐减弱，振荡的模式随之演变而具有更广泛的灵活性和更稳定的平衡性。虽然悲伤可能仍然存在，但失去亲人的幸存者获得了悲伤的自控能力，能够选择什么时候哀悼，什么时候与亲密的家人或朋友谈论丧亲。同样朝向有缓释作用的积极情绪的摆动得到加强，随之而来的安心和抚慰也渐渐变成日常生活的一部分。

凯伦·埃弗利的亲身体验给这种平衡的演变提供了令人信服的案例。关于9月11日那场结束了她女儿生命的无情攻击的媒体

第五章　究竟是什么伴你度过黑夜？

报道好像集聚了无尽的让人灼热刺痛的想法和图像，她简直一刻也无法躲开与女儿有关的痛苦回忆。9·11 恐怖袭击几个月后，当凯伦和我谈论克莱尔的死时，她心口的伤痕很明显还未痊愈，但她已然能够从痛苦中抽离，甚至当谈论到命中注定的那一天，凯伦的双眼饱含泪水，她能够转移到更为积极的回忆，为女儿曾有的成绩自豪地开怀大笑，抑或为记忆中幸福的家庭聚会露出满意的笑容。

有不同的复原能力类型吗？

不是每个丧亲者都能召唤回令人欣慰的回忆，也不是每个丧亲者都能良好应对丧亲的痛苦。那么我们可以确定地说有一种复原能力类型，或者有一种人其天性就特别擅长应对极端压力吗？虽然 CLOC 的研究并没有发现这种类型，但我曾做过的其他研究至少部分证实了这种复原能力类型的存在。我之所以说是部分证实，是因为这个问题不像它听上去那么简单。应对良好的人通常有很多与生俱来的积极因素，例如，他们有更好的经济资源，受过良好的教育且持续的生活压力和烦恼更少；他们还可能拥有更健康的体魄和更广泛的值得信赖的亲友网络，既可以获得强大的精神支持，又可以满足日常生活的细节需求。[11]

但即使考虑到这些因素，我们还是可以有把握地说有些人其实比其他人有更强的复原能力,越来越多的证据甚至证实了复原能力类型的遗传基础。然而对于这个理论我们还要保持非常谨慎的态度,因为其与遗传基因的联系只有初步的证据,而且也不像它听上去那么简单。基因研究的进展向我们表明,基因对于行为的产生不是类似于计划—实施那样简单的——对应关系,似乎更像是采用某种诀窍或策略预先将我们特定的行为模式设置好[12],研究者们将这种影响描述为"基因环境的交互作用"。基因只有在自身启动或特定环境的触发下才开始运作,就像在这些案例中暴露于极端压力情况下的人群,当时对于这一点的研究只涉及几个基因,但到目前为止的研究证据的确证实了拥有这种形式基因的某些人较其他人在严重逆境情况下有更强的应对能力。[13]虽然遗传研究尚未证明这些相同的基因能否帮助人们有效地应对悲伤,然而证据已间接表明了这种可能性的存在。[14]

尽管遗传证据需谨慎对待,但证据终究是可靠的,我们还可以谈谈心理调查的结果。我们始终发现有效应对丧亲之痛的人群具备适应不断变化的情况的特定能力的心理特点,这种行为灵活性不同于以前所描述的使用积极回忆的灵活性。每种压力和逆境以不同的方式向我们提出挑战,人们面对所爱之人死于画面感很强或暴力性的事件时产生的纠结类型,有别于面对所爱之人死于长期的疾病时产生的压力,丧亲对我们的要求也往往随时间而改变。当然,丧亲的应对与其他类型如飓风或海啸等暴力或危险创

第五章 究竟是什么伴你度过黑夜?

伤的适应是不同的,大体上说,能以最佳状态应对这些不同情境的人是那些可以付诸努力渡过重大事件难关的人。

这种强大的应对能力部分来自于我们看待压力环境的方式,研究也展示了乐观主义在其中所占的优势地位,适应良好的人往往有"事情总会好起来"的坚定不移的信念,他们也往往有更强的自信心,相信至少能够部分掌控哪怕是最困难生活事件的结果,但这并不是说乐观的人可以磨灭过往或阻止事情的发生。甚至最坚强的个体在遭遇悲剧的最初都会感到震惊,但尽管如此,他们在与生俱来继续前行的根深蒂固感觉的推动下,设法聚集和重新组合全部力量,并努力重建平衡的生活。[15]

伴随这些乐观自信的信念,适应能力强的人建立起了更为广泛的行为指令系统,简单地说,就好比他们的工具箱中有了更多的工具。复原能力强的人表达情感的方式就是个很好的例子。我们认为通常来说对自我感受的越多表露就越容易保持良好的心理状态,尤其当我们遇到不幸事件时情况更是如此,其实感受表达是传统哀伤宣泄理念的基础。

情绪的适时表达当然是确有其益处的,但有时抑制情绪,默默承受自身感觉可能也是适当的方式。试想一下这样的情景,你收到一张比实际花费金额多的账单,并且已经交涉多次试图纠正错误,现在你正和某个能够改正账单的客服人员进行沟通,如果你充分发泄内心的失望和愤怒,当然会最快得到处理结果,但话又说回来，曾经遭遇过强大官僚作风的人都知道，有时表达愤怒会令对方态度更加强硬，从而更不愿意提供帮助而只会使事情的进展更糟。在我们假设的这种情境下，我们可能会通过隐藏愤怒，对客服人员报以微笑和恭维以得到最好的结果。

在丧亲期间人们表达悲伤和其他情绪的方式可能也是如此，正如之前所讨论过的，悲伤情绪的表达让我们能得到他人的同情和关怀，然而在某些情况下，围绕在我们身边的可能会是那些对我们的痛苦不能感同身受的人，至少有时这种情况会暂时出现。当我们关心着他人，或者将注意力放在必要的义务、工作或其他职责上时，也会有不切实际的表达忧伤和悲痛情绪的行为，因为大多数人都发现在不同情况下灵活地表达或者抑制悲痛才是因地制宜的适应方式。我们研究小组已经能够通过使用一种实验范式来展示这种灵活性表达所具有的优势。例如，最近就刚刚经历过9·11恐怖袭击的纽约市区大学生情绪抑制和表达情况开展的一项调查研究，发现学生们只擅长情绪表达或抑制行为中的一种，而不是二者皆擅长——这一点与袭击大约两年后的研究中其他学生的表现相同。然而那些具有灵活应对能力的学生，也就是可以根据需要恰当表达或抑制情绪的人，两年后深陷痛苦的情况明显减少。[16]

具有类似情感灵活性的丧亲者被证明在丧亲后不久也可以相对来说更为有效地应对哀悼的痛苦，我们的研究还发现甚至抑郁倾向更为严重的人群如果可以被激发出这种灵活的应对能力，他们确实更有可能从哀伤中恢复过来。[17]

不光彩应对

灵活性是可以自我调整的，因为不同种类的逆境有着不同类型的要求，我们越是能自我调整以更好地适应这些要求，我们就越有生存的可能。然而这种思想也有趣地暗示着，我们在某些情况下以通常被认为是不适当甚至是不健康的方式思考或者行动，却能达到自我调整的效果。

试着想象卡特里娜飓风到来时你正在寻找紧急避难所，你和成千上万的人一起被困在半球形的足球体育场里，屋顶稀疏的透气孔不断有雨水流入，体育场里没有床，没有卫生设施，只有极少的食物和饮用水，生活废物和垃圾堆积如山，还时常有暴力行动和群体斗殴的威胁，到处是一片杂乱无章的混乱状态。[18]面对这种状况你会如何应对呢？你可能会采取一切必要的措施，或许你的行为可能和正常情况下完全不同，但只要你的行为可以帮你度过磨难，你就不会直接伤害他人，这就是自我调适，我们也把这种行为叫作"不光彩应对"[19]。

"不光彩应对"这个短语来源于棒球运动场，20世纪70年代中期，我们的主场球队芝加哥白袜队，依靠坚忍不拔的决心、足

111

智多谋的战术和对手的失误意想不到地频频赢得了比赛。体育评论记者每提及这只棒球队时都会冠以"不光彩的胜利"之名，后来这也就成为了体育运动中的常用语，而且更有讽刺意味的是，这个词在政治领域也常常被用到。[20]

这个词体现出我们在日常生活中可能会用来应对意外不幸的那种"不惜一切代价"的做法，另一个词语是"务实应对"，约翰·列侬的著名歌曲《究竟是什么伴你度过黑夜》时常闪现在我的脑海里。[21]每当遭遇不测，人们常常能采取一切必要措施寻找并获得重回人生正轨的力量。

不光彩应对的典型案例就是通常被心理学家称为自利偏差的现象，也就是人们扭曲或夸大对某些事物的感知以利于自身的表现。自利偏差的常见实例是人们通常对与自己毫不相干的事物给予好评，而将我们所作所为的责任归咎于他人或他物以否认事实。

我个人也有过自利偏差现象的愚蠢事例。我曾经是一位热心的瑜伽练习者，遗憾的是那是许多年前的事了，当时我还很年轻，身体也还相当柔韧。记得几年前我妻子开始练习瑜伽，那时候我的身体当然还没有养成以某种方式弯曲的习惯，但是我妻子认为瑜伽对很多人都有好处，当然也包括我在内。虽说开始多少有点不情愿，但有一天我终于同意和她一起练习瑜伽。我们都尝试练习一种叫作舞者之王的瑜伽站立姿势，这个动作的印度名称

第五章 究竟是什么伴你度过黑夜？

应为 Natarajasana（舞王式），这个姿势如果做得正确到位的话，整个人看起来就像一尊印度雕像。一条腿向后伸直，抬起并举过头顶，然后用同一侧的胳膊伸直抓住抬起的腿，躯干向前伸展，另一只胳膊向前伸直。我妻子的姿势已经做得相对完美，而我却一直摇摇摆摆难以稳定下来，只能不停地挥动手臂来保持身体平衡，看上去更像是一名指挥车辆的交警而非雕像，最后的结果当然是我重重地摔倒在地。

然而问题的关键不是摔倒的结果，而是我如何向自己和妻子解释摔倒的原因。是我没有多年练习瑜伽的经验？是我老了，身体不再灵活了？或者是地板出了什么问题？凑巧的是，我们住的老公寓刚好铺着硬木地板，板条因为年久失修有些不平整，到处都弯曲变形——多么完美的借口啊！我对摔倒原因的解释是，在摇摇晃晃的地板上不可能保持如此精巧的姿势，虽然这个解释有点以偏概全的牵强，但却可以让我有理由回避对于身体逐渐衰老带来的不安进行深入的思考，能够心安理得地接受明显不尽如人意的实际表现。

自利偏差的有益性理念起初似乎有悖常理，健康人群不是应该真实面对他们的缺点和局限性吗？但事实证明健康人群一般来说并不总是完全切合实际和不带偏见的，我们大多数人其实都略有自利倾向和自我偏见，而且这种适度的自我偏见和许多促进健康的品质有关，如快乐、自信和保持较高水平的动机和成就的能力。[22]

加里森·凯勒在深受大众喜爱的广播节目《草原一家亲》中，是这样描述他想象中的家乡："所有女人都身强力壮，所有男人都英俊潇洒，所有孩子的机灵劲头都高于平均水平。"[23]原来我们大多数人都相信自己"高于平均水平"。心理学家把这种信念称为优于平均水平效应[24]，而且这种现象非常容易解释，如果请任意一群人对自己各类特性和品质，如智力、幽默感、魅力、职业道德、亲和力和团队精神进行评估，大多数人都会认为自己比平均水平略高，但从统计学观点来看不可能每个人都高于平均水平。

应对丧亲之痛也是同样的道理，当人们正面临包括亲人死亡在内的极度痛苦或困难事件时，自利偏差特性被证明对此不无助益[25]，例如对自己略高于平均水平的想法能坚定我们相信自己终究会安然无恙的信心，此外自利偏差特性还能帮助我们与挥之不去的本来能做些什么来避免死亡发生的思想作斗争。人必有一死是必然的规律，我们大多数情况下只能束手无策地听天由命，然而当我们不够坚定时可能会屈服于非理性的自责和怀疑，自利倾向将亲人死亡的责任归结于超越我们控制能力之外的因素，这样我们就与自我责备的想法保持了距离。

自利偏差的其他表现形式，如从事物中寻找有利之处，对应对危难也可能大有益处，我们通过拨开乌云寻找生机的方式而将

第五章 究竟是什么伴你度过黑夜?

负面事件转换成积极事件,就能实现从事物中寻找有利之处的自利偏差特性。从事物中寻找有利之处有助于我们坚定世界基本美好和生活总体完满的信念,罹患如癌症等重大疾病的人们经常使用从事物中寻找有利之处这一特性来帮助改善难以预料的别样现实。[26]丧亲者也通过这一机制来应对丧失的痛苦,就像他们在谈话中叙述的:"我永远不会知道我自己是如此坚强","丧亲让我更加关注重点"或者"她死后我才意识到自己有多少真正的朋友"。另一种从事物中寻找有利之处的方式是,通过关注并对比丧亲原本可能会带来的更糟糕的结果,细数我们业已了却的心愿,如"我只是庆幸至少有机会和他告别",人们说这些话不是否认而是接受了现实的丧亲,他们通过从事物中寻找有利之处创造了一种不同的,但在许多方面更站得住脚的看待事物的方式,否则无法面对难以忍受的丧亲事件。

* * *

没有人会希望遭遇不测,更没人会盼望亲人死去,但这些负面事情必然会发生,并且没有人能够改变。当我刚开始着手复原能力研究时,曾假想至少有一部分人会自始至终展现出相对一致的健康良好的状况和模式,也就是说,他们会在所爱之人离去前适度健康地快乐着,并在所爱之人离去后也同样适度健康地快乐着。当通过研究更多地了解人们经受极其险恶的事件的情况后，我更加明显地体会到人类相互依赖共同生存的本性。不是每个人都能很好地设法应对险恶事件，但大多数人可以做到这一点，有一部分人甚至看起来可以面对任何情况。我们自我调整，我们改变节奏，我们开怀大笑，我们为所当为，我们滋养回忆，我们宽慰自己，我们乐观向上，我们探究生命，我们对抗黑暗，当曾经深不见底的暗淡晦涩统统崩塌隐退，太阳又一次透过云层投下温暖的一瞥。

注释：

1. B. Raphael, *The Anatomy of Bereavement* (New York: Basic Books, 1983).

2. 了解更多关于 CLOC 研究的信息，请访问该研究专属网站 http://www.cloc.isr.umich.edu.

3. 我们报告研究结果的论文如下：G. Bonanno et al., "Resilience to Loss and Chronic Grief: A Prospective Study from Pre-loss to 18 Months Post-loss," *Journal of Personality and Social Psychology* 83 (2002): 1150-1164; G. A. Bonanno, C. B. Wortman, and R. M. Nesse, "Prospective Patterns of Resilience and Maladjustment During Widowhood," *Psychology and Aging* 19 (2004): 260-271; and K. Boerner, C. B. Wortman, and G. A. Bonanno, "Resilient or At Risk? A Four-Year Study of Older Adults Who Initially Showed High or Low Distress Following Conjugal Loss," *Journal of*

第五章　究竟是什么伴你度过黑夜？

Gerontology: Psychological Science 60B (2005): 67-73.

4. Bonanno et al., "Resilience to Loss."

5. J. Fantuzzo et al., "Community-Based Resilient Peer Treatment of Withdrawn Maltreated Preschool Children," *Journal of Consulting and Clinical Psychology* 64 (December 1996): 1377-1386.

6. J. Kaufman et al., "Social Supports and Serotonin Transporter Gene Moderate Depression in Maltreated Children," *Proceedings of the National Academy of Sciences* 10 (December 2004): 17316-17321.

7. G. A. Bonanno et al., "Psychological Resilience After Disaster: New York City in the Aftermath of the September 11th Terrorist Attack," *Psychological Science* 17 (2006): 181-186, and C. Brewin, B. Andrews, and J. D. Valentine, "Analysis of Risk Factors for Posttraumatic Stress Disorder in Trauma," *Journal of Consulting and Clinical Psychology* 68, no. 5 (October 2000): 748-766.

8. C. S. Lewis, *A Grief Observed* (San Francisco: Harper San Francisco, 1961): 57.

9. Bonanno et al., "Resilience to Loss."

10. M. S. Stroebe and H. Schut, "The Dual Process Model of Coping with Bereavement: Rationale and Description," *Death Studies* 23, no. 3 (1999): 197-224.

11. 如需回顾这些因素，可以参见：G. A. Bonanno and S. Kaltman, "Toward an Integrative Perspective on Bereavement," *Psychological Bulletin* 125 (1999): 760-776; G. A. Bonanno and A. D. Mancini, "The Human Capacity to

Thrive in the Face of Potential Trauma," *Pediatrics* 121 (2008): 369-375; and G. A. Bonanno et al., "What Predicts Psychological Resilience After Disaster: The Role of Demographics, Resources, and Life Stress," *Journal of Consulting and Clinical Psychology* 75 (2007): 671-682. 如需了解丧亲期间有关社会支持的有趣的讨论和研究，可以参见：W. Stroebe et al., "The Role of Loneliness and Social Support in Adjustment to Loss: A Test of Attachment Versus Stress Theory," *Journal of Personality and Social Psychology* 70 (1996): 1241-1249.

12. 对这个理念的精彩的历史回顾，参见：Gilbert Gottlieb, *Individual Development and Evolution* (Oxford: Oxford University Press, 1992). 对这一观点的高度总结，值得一读的还有：Matt Ridley, *Nature via Nurture* (New York: HarperCollins, 2003), and David S. Moore, *The Dependent Gene* (New York: Times Books, 2003).

13. A. Caspi et al., "Influence of Life Stress on Depression: Moderation by a Polymorphism in the 5-HTTGene," *Science* 301 (2003): 386-389; D. G. Kilpatrick et al., "The Serotonin Transporter Genotype and Social Support and Moderation of Posttraumatic Stress Disorder and Depression in Hurricane-Exposed Adults," *American Journal of Psychiatry* 164 (2007): 1693-1699; T. E. Moffitt, A. Caspi, and M. Rutter, "Measured Gene-Environment Interactions in Psychopathology: Concepts, Research Strategies, and Implications for Research, Intervention, and Public Understanding of Genetics," *Perspectives on Psychological Science* 1 (2006): 5-27; and J. Kaufman et al., "Social Supports."

第五章 究竟是什么伴你度过黑夜？

14. 虽然没有直接的证据表明基因对哀伤结果的影响，但是发展到更为严重的哀伤和抑郁状态的一个关键因素是沉思默想，也是停驻在重复和被动的悲痛中的倾向及其可能的原因。具有与抵抗压力相关的相同基因组合的人也往往更少沉思。参见：T. Canli et al.，"Neural Correlates of Epigenesist," *Proceedings of the National Academy of Sciences* 103，no. 43（2005）：16033-16038。一项研究表明减少沉思可以调解遗传性格和抑郁的关系，参见：L. M. Hilt et al.，"The BDNF Val66Met Polymorphism Predicts Rumination and Depression Differently in Young Adolescent Girls and Their Mothers," *Neuroscience Letters* 429（2007）：12-16。

15. 如需回顾复原能力的性格特征，参见：M. Westphal，G. A. Bonanno，and P. Bartone，"Resilience and Personality," in *Biobehavioral Resilience to Stress*，ed. B. Lukey and V. Tepe，219-258（New York：Francis & Taylor，2008）。也可参考关于与复原能力有关的坚韧性人格维度的论文：S. C. Kobasa，"Stressful Life Events, Personality, and Health：An Inquiry into Hardiness," *Journal of Personality and Social Psychology* 37（1979）：1-11；S. C. Kobasa，S. R. Maddi，and S. Kahn，"Hardiness and Health：A Prospective Study," *Journal of Personality and Social Psychology* 42（1982）：168-177；S. R. Maddi，"Hardiness in Health and Effectiveness," in *Encyclopedia of Mental Health*，ed. H. S. Friedman，323-335（San Diego：Academic Press，1998）；and S. R. Maddi and D. M. Khoshaba，"Hardiness and Mental Health," *Journal of Personality Assessment* 63（1994）：265-274。

16. G. A. Bonanno et al.，"The Importance of Being Flexible：The Ability to Enhance and Suppress Emotional Expression Predicts Long-Term Adjust-

ment," *Psychological Science* 157 (2004): 482-487.

17. K. G. Coifman and G. A. Bonanno, "Emotion Context Sensitivity, Depression, and Recovery from Bereavement," unpublished manuscript, 2009.

18. 很多媒体报道了在卡特里娜飓风期间以及结束后不久,新奥尔良十万人体育馆紧急避难所发生的多起团伙暴力和强奸事件(如2005年9月6日,BBC新闻:http://news.bbc.co.uk/go/pr/fr/-/2/hi/uk_news/4214746.stm)。然而由于情况混乱,这些实际的暴力行为并未查清。

19. G. A. Bonanno, "Grief, Trauma, and Resilience," in *Violent Death: Resilience and Intervention Beyond the Crisis*, ed. E. K. Rynearson, 31-46 (New York: Routledge, 2006), and Bonanno and Mancini, "Human Capacity to Thrive."

20. B. Gilbert and S. Jamison, *Winning Ugly: Mental Warfare in Tennis-Lessons from a Master* (New York: Fireside, 1994), and M. Madden, Obama's Winning Ugly, but He's Winning. Salon, March 24, 2009, http://www.salon.com/news/feature/2009/02/12/stimulus_battle; and F. Barnes, "Winning Ugly," *Weekly Standard*, June 20, 2005.

21. John Lennon(作曲家和抒情诗人), "Whatever Gets You Through the Night," *Walls and Bridges*, John Lennon, Capitol Records, 1974.

22. 如需回顾经典文献,可参见:S. E. Taylor and J. D. Brown, "Illusion and Well-Being: A Social Psychological Perspective on Mental Health," *Psychological Bulletin* 103 (1988): 193-210.

23. M. E. Alicke et al., "Personal Contact, Individuation, and the Better-Than-Average Effect," *Journal of Personality and Social Psychology* 68

第五章 究竟是什么伴你度过黑夜？

(1995): 804-825.

24. G. Keillor, *Home on the Prairie: Stories from Lake Wobegon*, audio recording (Minneapolis, MN: HighBridge, 2003).

25. G. A. Bonanno, C. Rennicke, and S. Dekel, "Self-enhancement Among High-Exposure Survivors of the September 11th Terrorist Attack: Resilience or Social Maladjustment?" *Journal of Personality and Social Psychology* 88, no. 6 (2005): 984-998, and G. A. Bonanno et al., "Self-enhancement as a Buffer Against Extreme Adversity," *Personality and Social Psychology Bulletin* 28 (2002): 184-196.

26. P. L. Tomich and V. S. Helgeson, "Is Finding Something Good in the Bad Always Good? Benefit Finding Among Women with Breast Cancer," *Health Psychology* 23 (2004): 16-23.

第六章　慰藉

调查发现大多数人都能从曾经遭受的丧亲经历中恢复过来，而且许多人的应对情况异乎寻常地好，有些人甚至在深爱之人离世后的生活品质较之以往有很大的提高。[1]

凯尔·威尔金在被诊断为结肠癌后苦苦挣扎了三年，终于在54岁时不治而亡。当他依然健在的妻子，阿黛尔，如约坐在我的面前谈起凯尔的去世带给她的悲痛，以及凯尔临死前那段时间的经历时，她最初是用"难以形容"这几个字来描述那段往事。"那是一段很长时间模糊不清的状态，我的意思是说，在过去的三年中一切好像都被凯尔的病情所左右，你知道，我几乎不能适时准确地描述某个特殊时刻或特别事件，事情都搅在了一起，像一团糨糊。"过去三年的时光完全支配着她，以至于她把凯尔患病前后的变化列入她一生的重大事件表："凯尔患病之前发生的一切看起来似乎比我通常感觉到的更加遥远，就好像那些发生在很久很久以前。"

当凯尔被确诊时，癌细胞已经扩散，他和阿黛尔面对病魔最初都对能继续生存下去满怀希望，而且病情看起来好像也确实有

第六章 慰藉

这个可能,但凯尔的整体健康状况还是没能如愿地好转,而是逐渐恶化着。主治医生估计凯尔大概还能继续存活一年,当然从某种角度来说,还能想方设法坚持更长时间。凯尔对病魔的忍耐能力在阿黛尔看来是来自神的祝福,但长期的奋力挣扎也使人筋疲力尽。"我们在一起的三年时光对我非常重要,接着他生病了,变得越来越依赖,一切就和从前完全不同了,我们的关系更像是母子而不是夫妻,因为,你知道,他是——他需要一切被安排妥当,而我——你知道,一切都被改变了。"

尽管三年来对凯尔的看护使她极度痛苦和疲惫,阿黛尔还是尽可能挺直脊梁坚持了下来。她有时感觉到深不见底的悲伤,有时意识到自己渐渐变得消沉,而且有时这种紧张感觉还会表现在其他方面,那就是长期看护失衡所产生的怨恨与冲突。凯尔患病期间,阿黛尔正准备换工作,就在知道凯尔癌症诊断结果前不久,阿黛尔刚刚取得了硕士学位,进而也就有了换一份新工作的资格。"我刚结束了为期一年的学校生活,现在看起来那好像也是很久以前的事了,不过那时可能是我面临的最大冲突,因为我的情况正在发生变化,作为一个完整的个体我正在寻求改变,但是凯尔很难意识到这一点,因为深陷疾病的漩涡中,凯尔无暇真正体会到冲突的所在。彼此之间之所以变得越来越疏远,是因为我也感觉非常疲惫,我和凯尔的关系和以前不同了,我尝试着去适应这种新的变化,但那时我还没有做好准备,这种被他人完全

依靠的互动关系对我来说一直都难以适应,我不得不停下来思考和梳理一切。"

当凯尔终于屈服于病魔的淫威结束了生命的那一刻,阿黛尔感受到了前所未有强烈的轻松和慰藉,凯尔苟延残喘的痛苦了结了,阿黛尔的疲惫和担心也宣告结束了,她现在总算可以如释重负继续追随自己的意愿向前迈步了。阿黛尔几乎没有表现出任何悲伤的迹象,她既没有感觉沮丧也并不渴望凯尔回到自己身边。"我当然非常想念凯尔,我们的关系非常融洽难以割舍,但是你知道,在过去的三年里我们几乎用尽了所有的方式彼此道过一次又一次再见。"

现实已然无法阻止地发生了改变,阿黛尔不得不重新考虑自己的生活,作为一名单身的中年女性,她有时也会担心未来,但多数情况下她感觉平静而心安,正如她所解释的那样,"如果凯尔没有离开,很难预料接下来会发生什么,但无论如何改变正在我身上发生着,我们曾经共同拥有的婚姻生活是那么美好,我们在一起能够谈论任何重要的问题,就在他患病期间我们已经讨论过他离去后我的生活,我能做些什么,应该怎么做,你知道的,当然也包括是否应该再婚,我想这些都是很重要很好的话题。在他临死前我在病床旁和他毫不避讳地讨论了这些在未来需要厘清的事情,所有事情都被充分讨论、妥善解决并真诚面对了,真是了无遗憾了。"

第六章 慰藉

凯尔死后的那一年，阿黛尔已逐渐适应了变化的生活。她抽出时间外出旅行，拜访过去的老朋友，然后在公共卫生护理领域找到了一份全新的工作，并且开始和心仪的对象约会，她整天忙忙碌碌，满怀热情而又积极乐观地生活着。"日子虽不像我原来想象的那样，"她告诉我，"但是总体感觉不错。虽然那几年艰难的岁月时常在我眼前浮现，我也仍然会想念和凯尔相守的时光，但我知道自己已经从里面走出来了。嗯，我找到了自己新的方向，并且可以坦诚地对任何人说我过得很幸福。"

看护

阿黛尔的故事向我们展现了一幅包括从照看患者的疲惫、因亲人的遭遇而痛苦，然后是宽心安慰的感觉，甚至当一切终结后重归平静全过程的心灵慰藉画面，其中更为常见的可能是要与身体疾病做持续数年的长期斗争。亲密的家人或配偶可能会满足患者提出的所有需求，有时甚至从清洗沐浴、陪护如厕到购物跑腿无所不帮，几乎履行了所有的责任和义务，日常的生活变成了每周 7 天、每天 24 小时无情严苛的工作。

除了要承受身体上的负担，丧亲者还要在心理上备受亲眼目睹亲人受苦的煎熬，有时这才是最难以排解的部分。当像阿黛尔·威尔金这样的看护者不得不因此搁置自己的生活时就会发生

关系上的冲突，这种冲突才是心头最难锄去的杂草。对亲人的死亡感到安慰的人们毫无疑问都会在事后提到，在亲人患病治疗期间常常感觉生命对他们自身太不公平。

慰藉模式另一个有趣的特点是，与人们表现出的那种更为简单明了的复原能力相反，那些对亲人的死亡感到安慰的人不愿从有关亲人患病期间的回忆中找寻安慰，至少开始时他们不愿这么做。然而随着时间的推移他们最初的慰藉发生了改变，生活慢慢回归平静状态，从而更容易从有关逝去亲人的欢快回忆中得到安慰。

我认为从亲人死亡中体验到慰藉感受的人通常也具有令人惊讶的强大调整能力。研究中当我们询问那些表现出这种慰藉感受的人丧亲后如何应对，很多研究对象都倾向于对诸如"我为自己所表现出的力量感到惊讶"或者"我为自己应对得如此之好而骄傲"等言辞表示赞同。[2]

这种慰藉模式现在回想起来，对于那些曾经经历过的人来说甚至根本不值得惊讶。1990年社会学家布莱尔·惠顿曾提出建议，那些看起来似乎不可取的生活变化在某些情况下可能却是最好的改变，甚至被事实证明是有益于精神健康的。[3]惠顿特别强调考虑重大生活事件发生环境的重要性，并指出在某个压力事件正在持续作用的情况下，另一恶性事件会因为从之前压力应对中获取的慰藉感受而给当事人带来很大的改善。[4]当遇到包括婚姻失败、儿童发展问题、工作不满、关系乏味、经济失控和亲人得病等恶性事件时，我们都尽可能调整到最佳状态，并最终习惯于不去在意。事情当然不会总是那样糟糕，甚至难以接受的不良事件如离婚、失业或亲人死亡也只是卸下了我们已经习惯多时的负担。

当死亡开启新的大门

即使没有经历过看护全过程，亲人的死亡可能也会让人感到安慰，有时候为了减轻亲人的痛苦，除了想象别的都无能为力。亲人死亡之所以能带来慰藉，主要是因为看到他们的不幸终于如愿走到了尽头。亲人的死亡也可能给我们的生活带来无法想象的变化，有时甚至会开启一扇新的大门。

著名科学家爱德华·威尔逊在他的自传中曾描述了刚从大学毕业时的人生经历，尽管当时他对科学研究充满了激情，而且也进一步接近了前途无量的职业生涯，但他担心自己可能不得不停下一直以来为科学研究付出的努力，尽管他已经取得了不错的进展。威尔逊的父亲患有多种慢性健康疾病，而且还有严重的酗酒问题，以致精神状况日益糟糕。某天清晨，威尔逊的父亲"冷静地给家人留下了一封致歉信，然后开车来到莫比尔河附近布莱德格街道一个偏僻路段，下车后安静地坐在路边，用他最喜欢的手枪对准右太阳穴，扣动扳机结束了自己痛苦的一生"。

悲伤的另一面
The Other Side of Sadness

如此悲惨的事件怎么可能不具有毁灭性的影响呢？但是令威尔逊吃惊的是，他发现，"几天后一种彻底解脱的超然感觉冲破了悲伤的禁锢，并慢慢地渗透进全身的每个细胞，既为父亲从痛苦中得到完全的解脱，也为母亲珀尔能突破绝望的包围，更为我自己——我一直所担心的可能把我摇摇欲坠的家庭牢牢绑定的孝顺责任现在终于得到了宽恕。迫在眉睫并随时会来到的悲剧最终找到了适当的形式呈现，一切就这样发生了，一切也这样结束了，我现在可以将全部的精力集中于我的新生活。"[5]

如果说威尔逊没有因为父亲的死去而心情复杂难平，这种说法既不公正也不准确，他说父亲的死让他伤心不已，并且也为自己的宽慰感受而深感内疚，但他没有让自己的悲伤更大范围地扩散，无论他怀有如何挥之不去的情感，都没有阻碍他实现梦想。威尔逊在父亲死后继续他辉煌的职业生涯，并最终取得了无数的成就和奖项，包括国家科学奖章，多年以来他渐渐开始理解并欣赏父亲，并且不是把他的生活经历看作一场人生败局，而是一次勇敢的生命抗争。

我父亲一生都在与困扰他的健康问题抗争，在临近生命尽头时他已万分沮丧，意志完全陷入低迷状态。他患有严重的心脏病，并且没能很好地照顾自己，他的一生充满压力并历经沮丧，这一切最终让他不堪重负。在成长过程中，来自父亲的压力一直以我不能完全理解的方式影响着我生活的方方面面，虽然他的一

第六章 慰藉

生以悲剧收场，但父亲去世时我还是为他感到宽慰。

我父亲继承了家族坚韧的血统，祖父母在20世纪早期从意大利南部移民到了美国。祖父一直忙于用双手劳作，擅长亲手制作和修理物件，他初到美国时在芝加哥西北铁路公司找到一份机修工的差事，他勤奋而坚定，父亲告诉我们，他是个坚韧而纪律严明的人。

从我祖父的工具箱就可以明显看出他的坚韧品质，我一直都保留着祖父用过的一些工具，其中最喜爱的是一把珍藏在他办公桌里的手工制作的钢制扳手，我一直认为那是我祖父亲手制作的，手柄是钢材冷却前扭曲几圈而产生的卷饼形状，这不仅是个极具审美趣味的细节，而且也相当值得夸耀，它展现了制造者可以弯曲钢铁的坚强意志。

我一直珍藏着祖父当年在芝加哥西北铁路公司架桥部工作时，和同事一起拍的广角合影，这张照片拍摄于20世纪30年代，照片上一群男人和他们曾经共患难的庞大蒸汽火车一起出镜，他们围着火车头就像猎人围着被制服的野兽。照片上的人除了祖父外几乎每个人都在微笑，我记得从来没有看到他在任何一张照片里露出过笑脸。

这就是父亲被养育的文化背景。

父亲年轻时身体强壮结实，我记得孩提时无数次为他强壮的手腕频生羡慕之心，他的胳膊几乎就像我们的腿一样粗壮。虽然父亲从事的是一份优越的管理工作,但他像祖父一样喜欢手工劳作,每到周末找不到他时,往往只要顺着梯子爬到某个地方,多半能看见他正在全神贯注地修理着什么物件,或者正在车库他的车上投入地做着什么。他还特别喜欢棒球,经常尽可能配合棒球世界杯赛来安排每年的休假时间,对父亲来说这可能就是最好的生活。他会整个上午在房子周围忙碌,直到下午仍然穿着工作服进屋来,观看棒球世界杯比赛的电视直播节目,经常是一只手拿着啤酒,另一只手夹着一支雪茄。

不幸的是父亲的生活不可能一直如此舒心,他虽然只有高中学历,但他从普通职员慢慢升迁,最后就职中西部配送中心管理职位,专门负责为柯达公司提供服务,这种转变意味着能为家庭带来更多的收入和更好的生活,但他一直处于紧张的压力状态,西服和领带的装束常常让他感觉不自然。我想,他觉得已经承担了比自己能胜任的多得多的责任。

父亲平时读书并不多,他经常随手翻阅的几本书中,有一本是 20 世纪 60 年代末的畅销书《彼得原理》[6]。这本书的基本论点是,在现代职场层级结构中,雇员发展的典型模式是从基层不断往上攀升,直至"本人不能胜任的职位"。作者认为,职场人员层级晋升主要基于他们当前职位的优秀表现,更高级别的新职位并非增加了工作难度,但往往需要从业者掌握目前尚不具备的不同工作技能。虽然父亲从来没有直接和我们谈起过他对于这本书

第六章 慰藉

的理解，但《彼得原理》似乎准确描述了父亲一生的工作经验——当然同时也导致了他无形的巨大压力。

压力本身未必都是坏事。[7]应激反应与情绪的密切联系，共同构成我们有效应对威胁的自然能力。当我们感觉有生命危险时，我们的大脑发出一系列信息旨在使我们的能力最大化以产生应对威胁的反应，我们心跳变快，呼吸加深，长周期的身体运动暂时停止，如食物消化过程暂时被搁置直到情况转危为安。我们的身体和头脑在进化过程中形成了应对压力的反应方式，能够帮助我们应对身临其境的真实威胁，如被食肉动物追赶等。人类大脑中协调应激反应的区域是大脑结构中最古老的部分，类似于许多动物大脑相应的结构，但其他动物往往只在面对真实身体威胁时才会产生应激反应，而人类还能体验到抽象意义的威胁，如担心按揭贷款或者别人不喜欢我们，因此我们能感受到来源更为广泛的压力，也更容易受到长期压力的伤害。

长期不断的压力不仅造成生活质量的直线下降，还会对身体产生严重的伤害，简而言之，慢性压力慢慢磨损了我们的身心：破坏了免疫系统，使我们更容易受到疾病的感染，同时加速了身体骨质维护和体重控制等系统的老化，更严重者甚至可以干扰记忆的结构。[8]

父亲在工作中承受的长期压力最终让他付出了代价，他首次心脏病发作时只有 43 岁。随着职业生涯的稳步上升，他的健康

状况日趋恶化，体重不断增加，而且又抽烟又酗酒，参加体育锻炼的机会愈来愈少，这些情况进一步加重了他的心脏顽疾，晚年他还患上了糖尿病，人逐渐变得越来越沮丧。

随着年龄的增长，我和父亲的关系越来越亲近，我是家中相隔一年出生的三个男孩之一，那时我们的生活状况与现在截然不同，所有的孩子几乎都是形影不离的好友，虽然我的兄弟们也和父亲走得很近，但母亲确信父亲认定我是儿子中"那个他和母亲今后能够依靠的人"。我虽然不能确定他为什么会有那样的感觉，但我想可能和我对他的痛苦敏锐的觉察有一定的关系。我能意识到他遭受到的挫折和未能实现的梦想，并且切身感受到那些东西正在逐步毁灭着他，我是他的儿子中唯一想要和他谈谈这些情况的人。

记得大概在我十岁的某个白天，我发现他独自待在卧室里，窗帘严严实实地拉着，我觉得情况非常异样，站在门口看了他一两分钟，然后犹犹豫豫地走进了房间，站在床脚边。他静静地看着我，房间里很暗，但我可以看到他眼中流露出的忧郁。"爸爸，你还好吗？"他没有马上回答，过了一会儿他发出了痛苦的低语，"乔治，不要跟我说话。"他的声音里饱含着历经挫折的苍凉感受，我当时手足无措，不知如何是好，只能慢慢地退出了房间，随手关上了房门。

那次与父亲痛苦眼神和苍凉话语的正面交锋给我留下深刻的

第六章 慰藉

印象，于是我从小时候就发誓不让同样的情境发生在自己身上，我答应自己要尽己所能地生活，要抓住一切机会遍览世界。

父亲一直都有外出旅行的想法，但他压抑了自己的欲望直到生命最后一刻，在他看来这是不得不做出的选择，或许在他当时生活的文化环境下，更多人会赞同并支持他所做的一切。父亲曾在二战结束前参军赴美国西南部接受过基本训练，我曾经发现他有一个珍藏着军旅生活纪念品的鞋盒。那个年代不曾外出旅行的人几乎就像现在有过旅行经历的人一样多，父亲曾经的军队生活是他第一次背井离乡的经历。在父亲珍藏的那个鞋盒里有他旅行中收集的明信片，还有父亲在山野、荒漠单独留影或者和几位陌生女性的亲密合影，或许那是他尘封在记忆里的往日女友，照片中还留下了他和朋友们一起打闹的欢乐身影。照片上的景象着实让我吃惊又着迷，我从未见过生活中的父亲像这样，仿佛面前出现的是父亲长期失散的兄弟，他是如此欢欣快乐，甚至无忧无虑。

但是父亲的这段欢乐时光并没有持续太长时间。

战争结束后父亲从军队复员返乡，当时祖父的健康状况已经开始初露衰退端倪，该是祖父退出家庭核心、父亲尽人子之孝的时候了，这也是他们共同期望已久的。父亲对这一天的到来没有任何质疑，欣然接受了从这一刻开始将成为支撑这个家庭的男人这一注定的命运。他在"二战"前曾是柯达公司的一名普通员工,"二战"后他又回到了曾经工作的公司并从此再也没有离开过,在那里度过的工作时光是他余生的重要组成部分。他开始从事的工作是对运往当地商店销售的相机进行包装,慢慢地职务不断得到晋升,相应地也担负了越来越大的责任。他像祖父一样工作非常努力,把所有时间都投入到工作中,几乎无暇顾及其他事情。我们全家几乎很少去度假,也很少去什么地方,主要原因是父亲总在工作无法安排。他每天清晨出门,深夜才回家,忙于他认为应该做的所有事情,尽其所能争取再多挣几美元,以更好地支撑着家庭的用度。

从青少年时期开始我就对自助式旅行充满向往,甚至开始尝试睡觉时不用枕头。"如果未来某一天要外出探险,"我解释说,"我就不能事先计划好晚上在哪里就寝,或许要在空旷的田野就地而眠,那时可能不会总能枕着舒服的枕头,所以我想最好从现在开始就养成这样的习惯。"

旅行的激情随着年龄继续增长,17岁高中毕业时,我向父母宣布了我要离家外出自由行的决定。我知道按常规我应该在人生的这个阶段制定将来切实可行的具体计划,更应该做好上大学的打算,父亲当然也深深了解并认同这一点,但我就是死心塌地要亲手把大家尤其是父亲心头的期望火苗熄灭。

父亲听到我的打算非常气愤,断然拒绝了我离家的请求,于是我们开始激烈争吵,最后他抛出了极具挑战意味的决定。

第六章 慰藉

"如果你现在离开家,"他结结巴巴地说,"从此家里不再给你提供任何的支持,你只能依靠自己的力量,我希望不要看到你爬着回来。"他的话听起来像是预示了我必然会失败而返,就像画在沙地上的一条清晰的线,让我无比震惊。我坚定信念决定跨过这条界线,毅然背起行囊离开了家,并且发誓绝不爬着回来。

* * *

23岁时的一天半夜时分,我在科罗拉多州博尔德一间小公寓里睡得正香,这时电话铃声响了。离开父母已经七年了,七年来我的生活多多少少都处于流浪之中,我的足迹几乎踏遍了美国大地,当中也去过其他一些国家,高山之巅和空旷原野都是我下榻之地,时常就像我原来预想的那样没有枕头。我曾在农场逗留过一段时间,只要时间允许我就会找个临时的工作,工作时我也非常努力,度过了令人兴奋的时光,但偶尔也有孤独的时刻,甚至有时会感到筋疲力尽。

我没有拿起电话听筒。

有谁会在清晨打来电话?响个不停的铃声让我不得不怀疑电话是不是坏了,我终于忍无可忍地拿起了话筒,大哥久违的声音传进我的耳朵:"乔治,我要告诉你一个不好的消息……"

悲伤的另一面
The Other Side of Sadness

* * *

父亲去世了！得到消息后我打算第二天一早动身乘飞机到芝加哥参加葬礼。父亲曾经经历的艰苦生活、忍受的无情压力和健康困扰等一幕幕场景在我眼前浮现，看起来他最终还是难以逃脱被命运击垮的结果，离开这个世界撒手西去了，想到这一切我不得不直面并思考父亲的死亡。有时人们在死亡来临时会说出诸如"这或许就是最好的结果"的安慰话语，当然在死亡面前除了能说说这样的话之外几乎无话可说，然而当丧亲与你有直接关系时，很难想象死亡会是件好事，但我还是极力让头脑这样去思考，没有战火，没有硝烟，平静地走完一生也许的确不是件坏事。

我像平常一样打开收音机，突然一个念头跳进我的脑海，也许我可以以父亲的名义在当地电台点播一首歌曲，我拿起电话拨通了电台的点歌热线，我已记不清当时点播的是什么歌，但记得接电话的主持人非常和蔼可亲。放下话筒几分钟后，主持人的话语从收音机扬声器里传了出来，"下一首歌是一位刚刚打进电话的年轻人为他死去的父亲点播的。"他把这首歌献给父亲和我，虽然只是一次轻易就能办到的简单举动，但伴随着歌声而来的感觉就像烟雾般笼罩着我。我清楚地知道其他人在其他地方也同样

第六章 慰藉

能听到这首歌，父亲和我的名字在电波中同时被提起，感觉就像我为自己给父亲带来的麻烦致以了迟到却诚挚的歉意，我想放声痛哭但却没有流泪，一阵阵感激的热流伴随着歌声流遍全身，同时感受到莫大的宽慰。我现在不知道是否是因为父亲结束了他痛苦的一生而感到慰藉，或者是因为那一刻我设法做了期待已久的正确决定而内心欣慰，或者甚至是因为哀悼的痛苦没有我担心的那么可怕而倍感宽慰。

父亲的葬礼结束一个星期后，我回到科罗拉多州继续投入到工作中，如释重负般再次回归正常生活，但我注意到身边的人举止犹疑不定，好像在窥探我是否一切正常。我也不确定是否会在某一刻出现失控的状况，但那样的情况始终没有发生。

父亲死后我的生活其实开启了全新的局面。

我感觉自己的生活一直就像一出由父亲和我表演的二人转，偌大的剧场里除了照着舞台中央的明亮灯光外，到处是一片漆黑，我看不到观众的脸。父亲的去世就好像剧场里的灯全部亮了起来，但令我惊奇的是剧场里除了我以外空无一人，舞台上孤零零地只剩下我一个人。原来一直以来我只是在表演着一出独角戏，本来可以随时停下，但我却毫不知情地继续表演。

随着时间的推移，我开始对父亲一生繁杂而艰难的生活越来越心领神会，并感受到我们相互纠缠难以分开的希望和梦想。我也逐渐明白发出如此严厉的最后通牒并非是父亲本意，他是想让我明白离家出走这个决定的重要性,并让我了解做出这一举动所产生后果的严重性。他知道我没有明确的行动计划,没有特别的自我生存能力,我所做的只是毫不顾及后果地把一切抛向风中。

然而不顾及后果只是让父亲生气的部分原因,另一部分是我主动寻求冒险感受的尝试,正是由于我的鲁莽之举大大地惹怒了父亲。他一生都渴望能做出反复无常的任性事情,但冷峻的现实让他不得不埋葬了自己的欲望,事后我终于明白我是为他做的这一切,并试着从中活出他的一些梦想,我多么希望在他还健在时我能充分明白这一点。

父亲死后两年,我终于走进了大学的课堂,那一年我已经26岁,这感觉就像一个迟到的开始。起初我只是稍作试探,因为我不确定能否支付得了学费,也不清楚经过了这么多年是否能够顺利掌握有关的知识,但犹豫心态逐渐减弱,而我变得越来越坚定,并且很快就非常兴奋地开始了新的历程。我找回了失去的一切,感觉自己就像海绵一样吸收着遇到的所有新思想新理念,并且吃惊地发现在新的环境中我是如此茁壮地成长着,为此也感到无比宽慰。

注释:

1. 我们第一次能够准确识别这种模式,即当我们能够从丧亲前到丧亲后主要跟随参与我们研究的人们发现,大约有10%的人表现出这种改善,可参见：G. Bonanno et al. , "Resilience to Loss and Chronic Grief: A Prospective Study from Pre-loss to 18 Months Post-loss," *Journal of Personality and Social Psychology* 83 (2002): 1150-1164. 我们之前已经观察到相同的斗争模式——丧亲前多年的纠结在丧亲之痛中得到改善，在其他的几个研究中通常也显示了同样10%的比例，可参见：G. A. Bonanno et al. , "Resilience to Loss in Bereaved Spouses, Bereaved Parents, and Bereaved Gay Men," *Journal of Personality and Social Psychology* 88 (2005): 827-843. 丧亲之痛的改善也能在其他研究中看到：R. Schulz et al. , "End of Life Care and the Effects of Bereavement Among Family Caregivers of Persons with Dementia," *New England Journal of Medicine* 349, no. 20 (2003): 1891-1892.

2. G. A. Bonanno et al. , "Resilience to Loss and Chronic Grief: A Prospective Study from Pre-Loss to 18 Months Post-Loss," *Journal of Personality and Social Psychology* 83 (2002): 1150-1164.

3. B. Wheaton, "Life Transitions, Role Histories, and Mental Health," *American Sociological Review* 55 (1990): 209-223.

4. J. C. Bodnar and J. K. Kiecolt-Glaser, "Caregiver Depression After Bereavement: Chronic Stress Isn't Over When It's Over," *Psychology and Aging* 9 (1994): 372-380, and D. Cohen and E. Eisdorfer, "Depression in Family Members Caring for a Relative with Alzheimer's Disease," *Journal of the Amerian Geriatrics Society* 36 (1988): 885-889.

5. E. O. Wilson, *Naturalist* (Washington, DC: Island Press, 1994): 125.

6. Laurence J. Peter and Raymond Hull, *The Peter Principle: Why*

Things Always Go Wrong (New York: William Morrow, 1969).

7. B. S. McEwen, "Protective and Damaging Effects of Stress Mediators," *New England Journal of Medicine* 38, no. 3 (1998): 171-179.

8. J. K. Kilecolt-Glaser et al., "Chronic Stress Alters the Immune Response to Influenza Virus Vaccine in Older Adults," *Proceedings of the National Academy of Sciences* 93 (1996): 3043-3047; A. M. Magari? os et al., "Chronic Stress Alters Synaptic Terminal Structure in Hippocampus," *Proceedings of the National Academy of Sciences* 94 (1997): 14002-14008; and B. S. McEwen, "Protection and Damage from Acute and Chronic Stress: Allostasis and Allostatic Overload and Relevance to the Pathophysiology of Psychiatric Disorders," *Annals of the New York Academy of Sciences* 1032 (2004): 1-7.

第七章 当不幸降临

整本书自始至终我都在强调复原能力，但我们不应该忽视这样一个事实：不是每个人都能有那么好的应对能力，对某些人来说，亲人的死亡简直就是毁灭性打击，从悲伤中恢复过来简直就像一场真刀真枪的战争。

丈夫弗兰克离世时，瑞秋·托马西诺刚60出头，他们在一起共同生活了40多年，弗兰克的身体状况一直不是非常健康，他体重超标，也很少运动，而且还经常放任自己摄取那些他最喜欢的垃圾食品。瑞秋从没想到他会离开她，至少不会这么早就离她而去："我们结婚这么久了，你知道，我只是单纯地认为他会一直陪在我身边，永远等在某个地方。我一直认为我们必定会白头偕老，从来没有想到他会离开我。"

瑞秋和弗兰克年轻时就结合在一起，婚后他们一直没有生育孩子，多年来弗兰克占据了瑞秋生命越来越大的部分。除了偶尔会和哥儿们外出钓鱼，弗兰克大部分空闲时间都陪在妻子身边，瑞秋也把弗兰克当作是世界上最好的朋友。

后来有一天，弗兰克在工作中倒下了，他的心脏停止了跳

悲伤的另一面
The Other Side of Sadness

动,瑞秋甚至没能在他停止呼吸之前赶到医院见他最后一面。

弗兰克去世几周后瑞秋才勉强自己吃了点东西,每次一哭就一发不可收拾地持续好几个小时,她几乎无法合眼入睡,整个人骤然间瘦了一大圈,终日脸色苍白,泪眼模糊。弗兰克死后几个月她甚至都不想重新开始工作,即使最后不得不回到工作岗位,她也无法集中精力。她时常感觉脆弱无力,只能偷偷溜进密室里哭泣。鉴于她的特殊情况,老板建议她请假回家休息,但这似乎不仅于事无补,甚至使情况变得更糟。瑞秋大部分时间只是独自在家痛苦煎熬或是卧床不起。一年后瑞秋还是不得不又回到工作岗位。

持续长久的悲伤

直到最近,业内的专业人士才开始对极端并持续长久的悲伤有所了解,而且具有讽刺意味的是,这种转变的部分原因是源于对健康调整的更大关注。当我们开始更大范围地铺开网络,以收集全面的哀悼模式,包括有效的应对和温和的哀伤反应,我们也开始更进一步深入了解痛苦究竟意味着什么,这种原本对复原能力的关注却让持续长久的悲伤脱颖而出。

调查结果显示大约有 10%~15% 的丧亲者可能与悲伤反应进行着持久的斗争,也就是每十个人中有一到两个人的悲伤反应往

第七章 当不幸降临

往在亲人死后数年或更长一段时间内持续干扰着其正常生命机能的运转。[1]如果按绝对价值人数来计算，10%～15%是一个相对较小的比例，然而当我们意识到未来某个时间几乎每个人都将面对丧亲的痛苦，那么10%～15%的比例就代表着很多的人，这也让我们清醒地认识到持续长久的悲伤确实是很严重的问题。

在这之前我们就认识到悲伤使人们相互关联，这也是悲伤"功能性"的表现，它能够帮助丧亲者对丧亲进行反思，对状态进行评估并进一步接受无法改变的现实。我们的悲伤表情唤起了他人的同情和关怀，当悲伤反应太过强烈时，则需要很长一段时间不加抑制地表露，而这不仅毫无益处，相反却对人体造成伤害且会引起机能失调。被悲伤压倒的人迷失了自己，他们从现实的世界退出，陷入了无尽的专注于痛苦的泥沼，怀着让死者重回人间的不切实际的欲望。当这种情况发生时，哀伤悄悄袭来。

* * *

瑞秋·托马西诺的家人和朋友有充分的理由为她担心，在弗兰克死后第二年，她依然深受悲伤困扰，她怅然若失，漫无目的又孤独无助，绝望一层层把她裹紧，她越是想挣脱就陷得越深："弗兰克死时我很害怕，真的很害怕，我不知道接下去要做什么，我害怕看到我将要成为的样子。我有一份不错的工作，但我却无法正常去上班，那些已无关紧要了，对我已不再重要了。我不知道如何面对其他任何事情，我不知道该如何做，真的。我是弗兰克的妻子，这是最主要的，他走了，他已经不在这里了，他走了。现在基本上，我，我，我什么也不是了。"

其实大多数丧亲者都至少有一段时间会体验到暂时的身份混淆，他们忘记自己是谁或者生活对他们意味着什么，通常能听到他们这样的表述："感觉自己身体的一部分消失了。"遭受持久悲伤的人们相比之下，仿佛感觉原有的一切都消失不见了，在这种持久悲伤的情境下，身份的丧失具有更为深远的意味。[2] 在丧亲事实面前，无论生活有什么意义似乎都已不再重要。无论曾经有过什么样的目标或收益，也无论快乐来自何方，对经历了丧亲的幸存者来说简直都不值一提。简而言之，他们已经完全失去了生活的重心，像一团飘浮在空中的雾气。

随着来自丧亲过程的悲伤体验渐渐消逝，瑞秋·托马西诺变得非常绝望，并最终完全迷失在绝望的深渊里："我简直不知道自己下一步该做些什么，我的意思是说，现在的我应该做什么。虽然我们曾有的生活没有童话那般完美，但我们一直生活得很好，我们在一起的每一天都很快乐，虽然经济状况不是特别富裕，但我们一直顺风顺水，似乎从来没有过缺钱的情况。日子就这样一天天过去，每天或多或少都留下了美好的感受，忙忙碌碌的时光就在不知不觉中悄悄流逝。我每天都按部就班地去单位工作，每个夜晚和周末休闲在家时我们总是相伴一起，共同完成似乎总是做不完的事情。但是现在我只能独自坐在那里无所事事，每一天似乎就像永远那么漫长，每天早上当我意识到自己又从睡梦中醒来的那一刻是多么让人害怕，我又必须独自面对弗兰克已经离去而我还生活其中的世界，我真希望上帝能把我重新带回到梦中。我甚至都无法哭泣，只能双眼圆睁望着窗外，感觉自己就像生活在漆黑幽静的山洞里，一个人静静地坐在那里，看着外面的世界，每个人都在阳光下来来回回地走动，而只有我独自坐在一片黑暗之中。"

是什么导致了人们感受这种空虚和痛苦呢？又是什么让遭受持久悲伤的人们不得不停留在黑暗中、躲藏在洞穴里，无可奈何地与身外的世界完全隔离开来呢？虽然这些谜题目前尚未完全解开，但幸运的是答案已初露端倪。研究发现，人们遭受持久悲伤的重要原因是受到某种内心渴望的主宰，那种不断重复而又徒劳无功的对失去亲人的渴望，在这种渴望的支配下，人们心中所想的只有刚刚离去的亲人，满心期待着亲人能重回自己身边，他们几乎把整个的生命都投注在逝去的亲人身上。

这种持久悲伤反应不同于我们通常所看到的人们在抑郁状态中的反应，抑郁表现没有特定对象，其范围更广且没有分化，常伴有无价值感、易疲劳、注意力无法集中、正常的活动兴趣或快感减弱、食欲减退或亢进、睡眠障碍等困扰。相比之下，持久悲

伤过程中的渴望全神贯注于一件事情：找寻失去的亲人。

然而矛盾的是这种渴望带来的不是安慰，而是更深的痛苦。即使当遭受持久悲伤的人们筑起了层层藩篱将世界拒之门外，全身心地沉浸在过去的回忆中，他们能感受到的仍然只有揪心的痛苦。[3]亲人已然乘鹤西去，就是掘地三尺也无法将他们找回，所有的寻求都是永无止境、毫无希望和徒劳无功的——看起来有点像在追逐一个幽灵，其最终只会带来更深的痛苦。

这种经验和大多数人的正常生活体验正好相反，对我们大多数人来说，不假思索信手拈来的想法往往让我们感到更加安全和宽慰，当我们感到沮丧、受到威胁或承受孤独时，那些轻易就被唤起的画面能给我们带来更好的感觉，这也是人之常情。[4]这种反应模式始于生命的最初时刻[5]，并随着大脑慢慢成熟而继续发展。当我们尚在襁褓中时就与照顾者——往往是母亲——形成了连接，这种连接可以确保我们与照顾者保持亲近，并从中得到生存的保障；这种连接也让我们密切关注照顾者的一举一动，使各种影响深远的社会学习体验成为可能。如果一切进展顺利的话，随着年龄的增长我们通常都会将这些学习体验进行内化处理，换句话说，就是从心里建立一种关怀他人的表征或图像。这种图像并不是像一张照片那样保持静态，而更像是一幅内在的全息图像，一种把与照顾者相关的体验压缩而成的原型或模板，我们通常使用这种内化全息图去理解成年后与他人的亲密关系。当我们成年

第七章 当不幸降临

后想与某人建立关系，往往会使用相同的内化全息图来创建和理解这种连接，从而让我们自己感觉安全。当然成年人已不再需要长期的照顾或某个能保证安全的人物持续存在，但当我们感觉受到威胁或者当事情出乎意料，我们通常习惯于围绕在那些离我们最近或者能够依附的对象身边，然而通常情况下不可能随时都有那样的对象，所以我们往往会退一步求其次，唤起与照顾者相关的内化全息图。

请闭上双眼默默思考一分钟，生活中谁是你最亲近的人？谁在你有需要的时候几乎总能让你依赖？或者说当你感觉沮丧难过时最想和谁在一起？在遇到问题时你愿意听取谁的意见？这些问题对大多数人来说回答起来并没有难度，通常我们会想到的人多数是父母和配偶，有时是兄弟姐妹或者其他亲人，当然亲密的朋友经常也是我们求助的对象。

我问过很多丧亲者有关这类的问题，几乎每个人都至少能说出一个人，有时甚至是几个，当然那些正在遭受持久悲伤的人除外。当持久的悲伤在丧亲者的身上启动，他们所有的心绪像一只苍鹰在思想的天空来回盘旋，偶尔栖息在高处的枝头，回头望向曾经与失去的亲人朝夕相处的往日岁月，而周遭世界的其他人难以靠近，并慢慢从他们身边退出，他们对安全和舒适的所有需求似乎都集中在逝去的亲人的身上。持久悲伤反应拖延的时间越长，会其关注的焦点似乎就变得越来越集中，然而对逝去的亲人

147

越多的集中关注只会混杂更多的痛苦,因为那个被关注的人已经永远离开了这个世界。

当失去亲人的悲伤无法排解并不断持续下去,幸存者希望唤回的亲人开始出现在梦里:"我看见他站在一个窗口,眼神直直地望着我,我知道他肯定看到了我,我马上跑到窗前向内窥探,光线很暗我什么也看不清,我仔细辨认似乎认出了家具、门或者别的什么东西,窗户玻璃向外有明显的反光,因此难以看清里面的物件,我用尖锐的东西把窗户玻璃全部打碎,朝里面大声喊叫,但始终没能看见他。我四下里寻找,后来跑到街上,有汽车往来穿梭,但是空无一人,然后窗户不见了,面前只有一堵实心的砖墙。"

我们在第五章谈到复原能力强的人应对丧亲之痛的情况良好,在某种程度上是因为他们能够唤起与逝去亲人有关的令人欣慰的回忆,这些回忆能带来慰藉并让丧亲者更易于忍受丧亲引起的痛苦。研究还发现悲伤持续的时间越长就越难留住这些回忆。C.S.刘易斯也很担心和死去妻子有关的记忆在慢慢消失,他很清楚回忆起的场景"不再是他们曾经分享的美好事物的真实表现"。但是当他开始从痛苦中恢复,他很惊讶地发现那些消逝的记忆又回到心中,能够再次和死去的妻子建立起联系,每每当他哀悼亡妻时至少能"记起她最美好的一面"。

当悲伤持续拖延几个月、几年甚至更长的时间,死者的形象

第七章　当不幸降临

变得模糊、支离破碎并且越来越令人不安，无情的痛苦和殷切的渴望歪曲了一切，曾经的安全和幸福感觉混合着担心、害怕和恐惧。[6]记忆不断溃烂而变味，简直就像是不散的阴魂挥之不去。

* * *

当弗兰克·托马西诺还活着的时候，瑞秋从未曾担心过他会移情别恋，"弗兰克长得很英俊，但他品行端正，从来没有做出什么出格的事情伤害我，几十年来都没有过。"但在弗兰克死后大约一年，瑞秋开始在噩梦中搜寻弗兰克与其他女人的出轨行为，"我梦见自己走进了一间屋子，弗兰克刚好也在那里，他怀里搂着一个陌生女人，满脸堆笑地与身边的人们相谈甚欢。我真的不认识那个女人，以前从来没有见过她，她很年轻，长得也非常漂亮。"

不过在这些梦境中最让瑞秋感到不安的并非弗兰克的不忠行为，而是他对待瑞秋的态度和行动，"弗兰克举止古怪，和我以前认识的他完全不同。他脸上带着一种怪异的冷笑，冷漠又傲慢地嘲笑我，这让我觉得很羞愧，那感觉简直是可怕极了。我简直不敢确定他就是我亲爱的弗兰克，但那人看上去千真万确就是他，甚至还穿着那件我再熟悉不过的灰衬衫。"

瑞秋反复沉迷于对过去的思考和回忆，并一次又一次地谈到她和弗兰克一直无法生育孩子这件事，神情和话语间充斥着深深

的自责。"弗兰克一直想要个自己的孩子,我知道的。虽然他说那并不重要,他不在乎,但我知道他想要一个孩子。我们甚至提出了收养孩子的申请,当我们的申请被拒绝时他非常生气,当然我也很沮丧,但是弗兰克表现出气愤的程度出乎我意料,他生气完全是因为我,因为我没有能力为他生育孩子,他所期望的一群孩子。我真后悔没有再努力尝试寻找别的途径,我应该可以再试试别的方法。如果那样他或许会感到更幸福一些,从而可能也会活得更久一些。我真是太笨了。"

有时在瑞秋的梦境中也会出现弗兰克和孩子在一起的场景,这对瑞秋来说简直是再糟糕不过的了,远比梦见弗兰克的不忠行为更让她难以忍受,这些梦似乎象征了她难以言说的空虚。"在梦里他把我介绍给那个他称之为'他的孩子'的小孩,那个孩子好像是他从别的什么地方得到的,和我毫无关系,但弗兰克看起来是那么开心,即使离开了我他还是那么快乐,因为有那个孩子和他在一起。"弗兰克从她的世界消失了,那个她从未谋面的孩子也无影无踪了。她失去的弗兰克已经在别的什么地方有了孩子并彼此融洽相处,没有她什么事了。弗兰克和孩子在瑞秋的梦中相依为命,只有她独自一人面对冰冷的世界。

* * *

目睹他人经历这种孤独情境是令人心碎的,尤其是生活在丧亲者身边的那些心怀善意的家人和朋友，他们试图帮助丧亲者重新回到完整的现实人生中去，尽管他们可能为此付出了所有努力，但最终往往是徒劳无功的。丧亲者身边人的所有关心都被拒绝，所有问候都没有反馈，就像满怀热情前来拜访却被拒之门外的客人。

这种挫折最终产生的负面影响就是身边的亲人和朋友开始放弃他们受到冷遇的关心和问候，这又将进一步加深丧亲者原本持续不断的失落感受，其造成的恶性循环在极短的时间内可能会急速加剧。曾经有一项研究[7]显示，人们只要与抑郁者进行大约15分钟的谈话，就会开始感到自己的焦虑和抑郁情绪水平的增加，并明显感觉对抑郁者的敌对心理。参与这项研究的人表示将来与抑郁者互动的意愿也会减少，并且他们愿意将其感受到的负面效应反馈给抑郁者。反过来，抑郁者也预计到其可能会遭遇的拒绝，也会对与其合作的对象表达拒绝之意。关系亲密的亲人和朋友当然往往更有耐心，也更为宽容，他们会陪伴丧亲者更长的时间，但是他们的耐心是有限的，终究有耗尽的那一刻。

依赖

渴望、空虚和孤立三种状态的组合不论对谁都是棘手的，每个人从理论上讲单独面对三种状态之一时都可以顺利克服，但是要将三种状态一一分开就说起来容易做起来难了，造成三种状态你中有我我中有你混淆不清而又牢不可分状况的是依赖的黏合作用。关于丧亲之痛不存在放诸四海皆准的绝对真理，因为丧亲的过程是因人而异的，但是持久悲伤与依赖同时作用产生的症状是可以确定的最为一致的形式。

"依赖"这个词有许多层次的意思。当某件事的发生取决于另一件事情时，我们说这两件事相互依赖；当某个人需要某种特定的药物，我们称他药物依赖，而且药物依赖的产生往往有其心理因素，常见的药物依赖有药物成瘾和药物滥用；我们有时使用"依赖"这个词语来描述人际关系中某个人过度投入或过度依附于另一个人。

常见的依赖关系之一是经济依赖[8]，往往是关系中的一方几乎完全控制着可利用的经济资源，例如家庭中唯一赚钱的人。在某些情况下也有通过暴力或恐吓手段控制经济资源的现象。另外，经济依赖的想象成分可能多于真实成分[9]，例如不管某人实际上多么能干或者曾有过多少工作经验，他可能也会自以为无力谋生。

丧亲之痛过程中的经济依赖无论是何来源都会导致严重的问题，对瑞秋·托马西诺来说，幸运的是她尚未遇到经济依赖问题，至少在最初阶段还没有任何相关迹象。瑞秋几乎没有停止过工作，虽然她的薪水并不是很高，但也足以让她感觉自己能够为与弗兰克的共同生活做出贡献。他们的房屋抵押贷款已经还清很

第七章 当不幸降临

长一段时间了，当时正设法一起储蓄以便足以支撑合理舒适的退休生活。弗兰克的死也带给她一笔可观的保险赔偿，尽管弗兰克离开后瑞秋一直无法正常工作，但在经济方面这丝毫没有对她造成任何影响。

对瑞秋而言，更为严重的是情感上的依赖。通常情感上的依赖是指对关心、抚育及保护的某种过度需求，尽管当事人已经具备独立迎接日常挑战的能力。有情感依赖症状的人群——包括男性和女性在内——都有顺从和依附的特征，而且往往也有明显的分离恐惧感。[10]

这种依附和恐惧使人际关系变得紧张，一旦伴侣或伙伴死亡，其必然会成为生者痛苦和过度悲伤反应的基础。在 CLOC 研究中，研究人员要求参与研究的已婚人士设想失去配偶时他们会有怎样的反应时，情感依赖型人群的想象往往会和"恐惧"和"完全迷失"联系在一起，他们会感觉到"绝望"和"沮丧"，不幸的是，他们的预言往往成为了必然的真相。参与这项研究的人多年以后真正丧偶时，那些早前流露出情感依赖倾向的人确实遭受了更为复杂的哀伤反应。[11]

瑞秋·托马西诺在弗兰克生前，一旦弗兰克离开她身边就有种莫名的焦虑感充溢心间，即使她确定丈夫安然无恙。"虽然明知没有什么确实需要担心的，但我就是不能摆脱焦虑感觉，那种好像有什么坏事将会发生的不良预感总是不请自来，所有可能在

悲伤的另一面
The Other Side of Sadness

他身上发生的事情浮现在我的脑海里,还有那一幅幅挥之不去的可怕景象。万一他回不来会怎么样?我想象自己可能会接到一个陌生人打来的告知他发生意外的电话,甚至现在想起这件事我都会浑身起鸡皮疙瘩,但不可思议的事情还是发生了,有一天我果然接到了曾经想象的电话中的一个。"

瑞秋知道她的焦虑和依附干扰了弗兰克的生活,她也尽了最大的努力加以控制,但是弗兰克彻底消失了,她意识到来自心灵最深处的恐惧,来势汹汹再也无法控制,感觉就像大坝坍塌了,一切都无从调节且无法校准。弗兰克消失得无影无踪,瑞秋也被惊吓得魂飞魄散,她被冻结在一个不复存在的人际关系中,她双手好像紧紧抓住了什么无法松开,但是过去的时光是再也无法回来了。"所有的一切同时向我涌来,所有我过去曾想过、现在能去想的只有弗兰克。我不知道能去哪里,又能做些什么。只要能让弗兰克回到身边,一切都会重回正轨,我也会很快恢复正常。我又可以和其他人一样正常生活了。如果我能让弗兰克回来,只要很短的几分钟,我就又能走上正轨,只要几分钟,我的弗兰克,只要几分钟。"

得到帮助

现状似乎正如瑞秋所承受的痛苦那般棘手,但也不是完全没

第七章 当不幸降临

有希望,近年来已经取得的巨大进展的研究正设法帮助那些遭受持久悲伤反应的人们。我前面提到过心理治疗并非帮助丧亲者的最好方法,其最简单的原因是大多数丧亲者并不需要治疗,但是当悲伤尚未减弱,当人们发现自己还像瑞秋·托马西诺一样深陷令人沮丧的沼泽,那么心理治疗的干预措施可能又是适当而有效的。

一般来说,心理治疗已被证明是一种能帮助人们应对持续精神健康问题的有效手段[12],因为心理治疗是一种旨在应用心理学家称之为实证验证治疗的全身运动[13]。当有人心理机能不健全,帮助他的最好方法是首先尽可能精确地确定存在的具体问题,然后有针对性地应用一个被验证有效的心理治疗或干预方法。当然人们有时会陷入逃避理解的困境中,在这种情况下确定适当的治疗方法就要复杂得多,此外有时心理问题已经清晰明了,但却找不到针对问题明确有效的治疗方案。不过总而言之,首先确定核心问题,然后应用有效的治疗手段已经成为心理干预的有效指导原则。

虽然这一天来得有点晚,但同样的逻辑已经开始影响我们理解丧亲之痛的方式。传统意义上的丧亲者通常都被认为是心理治疗的潜在候选人,而且无论他们是否需要都会被送去治疗。我们在第二章茱莉亚·马丁内兹的案例中看到过这种做法,茱莉亚的故事在某种程度上说明了这种过度的悲伤辅导仍然在继续。

那么这样做又有什么关系呢？如果悲伤辅导可以帮助人们，那么过度干预又有什么区别呢？有些不需要治疗的人无论如何都没事，那么给尽可能多的丧亲者提供治疗应该会增加帮助那些真正需要的人的机会，不是吗？这或多或少也是大多数心理健康专家的态度。然而不幸的是，这种一刀切的悲伤辅导方法其实被广泛证明不仅是毫无效果的，有时甚至是有害的[14]，如果用实证验证治疗的说法，我们会认为问题没有得到充分界定。那种如茱莉亚的个案中一样可能不需要的治疗，或者那些实施于希望通过自己的力量自我康复的人身上的治疗效果怎么样呢？心理干预有时真的会让人状态更糟，通常当干预毫无根据，并干扰了自然恢复过程时情况更是如此。[15]

然而这种治疗的滥用已经不幸地成为集体创伤性事件发生后一种常见的干预方法。如果某个团体不幸受到了打击，如有人持枪向人群中或聚集在公共场所的无辜受害者开火，或者在一场引人注目的恐怖袭击中很多人都受到了影响，那么不仅仅是当时在场的受害者，还有他们的家人和朋友，包括住在附近的人以及相关联的机构或社区都会成为心理干预的对象。近几十年的假设是几乎所有人，甚至是远距离卷入事件的人都可以从一次短暂的治疗中受益。这些干预措施有不同的名称，可能最常用的是"突发事件应激咨询"，或者简称为"事后解说"[16]。

事后解说方式最早被研究开发时似乎得到了比较一致的推

第七章 当不幸降临

崇,其最初是针对如紧急医疗救助人员等高曝光率职业从业人员的预防性干预措施。从事这些职业的人们在工作中不断接触可怕事件,他们受过专业的培训,而且通常也比一般人更好地应对特殊状况,但从某种程度上说,即使最训练有素的人在达到其极限时也会感觉不堪重负。这就是事后解说对应对方式针对性研究开发的情况,其目的是提供一个退后一步的机会以重新获得新的视角,这个想法从表面上看似乎言之有理,至少对于紧急医疗救助人员来说确实如此。[17]

但是当心理健康专家开始更广泛地使用事后解说的方式,作为对每个可能接触潜在创伤性事件的公众进行预防的措施时,问题就出现了。从逻辑上看起来应该是很简单明了的,如果事后解说对那些工作在创伤前线的医疗人员很有助益,那么以此类推对于其他人群也应该会有帮助。

然而这个逻辑很不幸地存在着严重的缺陷,首先没有考虑到普通人群创伤经历的真实情况。紧急医疗救助人员上岗前经过严格训练,因此对创伤性事件已经多少形成习惯,他们能预料到下一步会发生什么,对创伤反应的基本情形有一定了解,并且对过程中的感受也深有体会,但大多数人没有类似经验,他们其实对创伤的情形或感受都毫无概念,而且在人们第一次经历创伤性事件后立即让他们了解有关创伤的知识,显然不是必然正确的方法。

另一个被忽略的重要因素是，心理健康专业人士在外行的公众中俨然是具有权威地位的创伤专家。紧急医疗救助人员一定程度上已经是创伤专家，因而对这一人群实施的事后解说本质上是帮助其他专家梳理曾经经历事件的过程，但是当事后解说应用于专业人士以外的人群，工作动态就完全不同了。未经训练的非专业人士根本不习惯创伤性事件，因此常常感到害怕，缺乏信心，或许还有点紧张，也许正设法理解刚刚过去的创伤性事件，并且希望自己能转危为安。哪怕只是治疗师认为他们需要治疗的一点信息可能就会激发他们一系列全新的担忧。

那么结果会怎么样呢？事后解说作为对普通公众全面干预措施的有效性在心理学研究中从未得到证实，而且实际上研究者已经发现悲伤辅导不加选择地用于所有丧亲者的结果几乎是相同的。向接触潜在创伤性事件的所有人应用全面的心理学事后解说不仅被证明是无效的，而且常常会造成伤害。[18]

事后解说在著名的实验中被应用于因严重交通事故受伤住院的人群。[19]这是一项很好的测试，因为交通事故毫无疑问是潜在创伤性事件，交通事故不仅场景非常可怕，而且这项研究中的每个人都伤势严重到需要立即住院治疗。此外研究者假定了事后解说的有益性，并计划开展一次尽可能忠于事实的测试。

参与这项研究的每位患者住进医院后就被尽快安排与研究人员会谈，大多数患者在事故发生24小时内接受了访谈，接着通

第七章 当不幸降临

过随机抽样方式，其中一半患者被安排了一期心理学事后解说，而另一半作为"控制"组，未被采取任何干预措施，只是进行了简单的访谈。

我非常看好这个实验，因为从表面上看只持续一个小时的事后解说似乎无关紧要，参与其中的每位患者详细复述了事故全过程。在描述事故过程中他们表达了事情展开中对即将发生的事情的感知方式，同时也受研究人员鼓励表达所有的情感反应。每一期事后解说结束时，研究人员给患者提供了"常见创伤体验情绪反应信息"，并"强调谈论体验而不是压制思想情感的重要性"。最后研究人员给每位患者分发了总结研究原则的小册子，并鼓励他们向家人和朋友寻求支持，整个过程就是如此，这就是所谓的事后解说。

从上面所述的一切似乎能够看出事后解说本身本无害处，但其实情况并非如此，这次研究的结果简直是令人震惊的。就在事故发生三年后，接受过简单的一小时事后解说干预疗程的患者在生活诸多方面比控制组成员有更差的表现，他们精神更痛苦，肉体更疼痛，且疾病更多，日常生活机能受到更大的损害并出现更严重的经济问题，甚至在乘坐别人驾驶的汽车时更少享受到作为乘客的乐趣。

难道简单的干预方式果真伤害了这些患者吗？其中最痛苦的患者情况如何呢？心理干预难道没有给他们带来至少一点点的好

处吗？他们的实际反应果断给出了更为坚决的否定答案。事故发生后四个月内，大部分最初非常痛苦但未经过事后解说干预的患者都自发地恢复了，而相比之下最初非常痛苦并接受事后解说干预的患者三年后仍陷于困境中，他们其实在事故发生三年后和当初进医院时一样深陷痛苦中，也就是说，事后解说阻挠了自然的恢复过程。

对这种结论的清醒发现已经引起心理健康社区开始大幅修订其有关事后解说干预的政策，例如，在 2004 年海啸灾难后几个星期，治疗师志愿者和非专业人员开始涌入东南亚，尝试大范围为受灾人群提供事后解说干预，他们出于好意但却容易误入歧途，世界卫生组织决定在他们出发前进行拦阻，但局面已经一发不可收拾。世界卫生组织在其网站上发布了明确的警告："不推荐采取单一会话形式的事后解说。"其附带的报告确认单一会话形式的事后解说已成为全球范围内应用在冲突或灾难之后的"最受欢迎的方法之一"，然而这份报告进一步声明，"这是世界卫生组织精神卫生和药物滥用部门的技术意见。基于目前可得的依据，组织单一会话形式的事后解说作为接触创伤性事件后的普通人群的早期干预是不可取的。"这份报告的结论是：单一会话形式的事后解说作为早期干预"可能是无效的，一些证据表明某些形式的心理学事后解说可能由于对自然痊愈过程的减缓作用而适得其反"[20]。

第七章　当不幸降临

持久悲伤治疗

如果早期的全面干预措施是无效的，甚至可能造成伤害，那么悲伤治疗怎么会是一件有益之事呢？针对这个问题的答案再一次揭示了这个基本常识：我们可以而且应该以同样的方式对待悲伤反应，就像我们对待像抑郁或恐惧症等其他情感障碍。我们第一次树立了这个理念：人们其实都需要帮助，也就是说，每个人都有特定的、可以识别的心理问题无法自行改善，然后我们实施了被证明是特别针对该问题的有跟踪记录的治疗。

我们接着分析一个更普遍的心理创伤案例，当某人接触过潜在的破坏性事件，如严重的车祸、身体或性侵犯以及恐怖袭击，并认为其可能会遭受心理创伤的假设是合情合理的，但正如我们在第四章谈到的，大多数人在没有持久伤害和专业干预情况下能够从这种类型的创伤性事件中恢复过来，换句话说，有严重创伤反应的患者更有可能在干预过程中受益。我们需要可靠标准和已经达成共识的标志将有严重创伤反应的人群与能够或者已经自行恢复的人群加以区分。目前业界已经形成以创伤后应激障碍或者PTSD形式的标准，还有针对PTSD的实证验证治疗[21]。

如果将这种简单逻辑应用于丧亲之痛，应该也能够对那些遭受持久悲伤的人有所帮助。公道而言，悲伤咨询之所以有这种不良跟踪记录的原因之一是，直到目前几乎没有对正常和严重悲伤反应的区别做进一步的澄清。另外新兴的复原力研究有助于拨开迷雾，当我们开始看到大多数人在经历丧亲或潜在创伤性事件后复原能力有多强时，我们也就更容易判断某人什么时候需要帮助。目前已形成相对固定的极端悲伤反应的诊断类别，称为持久悲伤障碍或 PGD。[22]

判断某人是否患有 PGD 的关键因素之一是其反应的严重程度，症状必须足够严重到生命机能无法像遭受丧失之前那样正常运转，另一个关键因素是其病程，虽然就这一点还没有明确的共识，但通常确认为持久悲伤反应的最起码的病程时间是六个月。[23]也就是说，如果我们想要鼓励某个遭受丧亲的人去寻求治疗，至少需要等到创伤性事件过去六个月后，才能可靠地确定他是否真有心理问题。

一旦过了临界周期且有了可靠的诊断，治疗的问题就变得相对简单。虽然没有某种单一的治疗方法脱颖而出作为持久悲伤治疗的黄金标准，但好几种治疗方法已被证实取得了满意的效果。[24]这些治疗方法存在某些共同因素，其中之一是被称为暴露疗法的常用技术，也是治疗创伤后应激障碍通用方法的核心因素。暴露疗法涉及让患者再次面对那些他们最为恐惧事件的诸多方面，患者在治疗室安全的情境和治疗师的专业指导下逐步体验曾经的创伤性经历，随着时间的推移，患者逐渐能够忍受创伤记忆，进而学会控制对创伤记忆的恐惧反应。

暴露疗法对极端悲伤反应的治疗情况稍有不同，通常在治疗初期患者对与丧亲有关的特殊事件的关注程度不是非常明显。针对悲伤治疗的暴露疗法一般来说对丧亲相关的诸多方面有更为广泛的关注，而且常常伴随着萦绕在失去亲人的幸存者心头那些渐渐逝去关系的影子。

为确定丧亲之痛的问题焦点，荷兰研究员保罗·贝利研究开发了一种方法，患者在治疗师的引导下讲述有关丧亲的故事，包括亲人去世时发生的一切以及他们经历死亡过程的亲身感受。[25] 通常随着故事的展开最让人痛心的关键部分便突显出来，治疗师在后续治疗中将这些暴露的部分逐渐覆盖，并且陪同引导患者从不同的困难层次和不同的结构面向对丧亲经历进行重新组织，从而帮助患者从痛苦感觉最浅的方面开始，一路逐级深入以触及最为困难的方面，最终实现逐步对困扰他们的事情全然接受，并和谐地面对丧亲的经历。以瑞秋·托马西诺的个案为例，暴露的层次应该是把瑞秋的内疚感放在他们夫妇没有子嗣这件事的上一层，更接近列表的顶部位置。

治疗师还可以帮助持久悲伤患者理解丧亲经历中那些最困难或最令人不安方面背后的真正原因，这个过程通常需要引导患者看清他们某些信念的不合理性。严重悲伤引起的痛苦是真实的——这并非谁犯下的错误，但其往往受到一连串不合情理臆断的刺激，就像我们在瑞秋的案例中看到的那样。弗兰克死后瑞秋的悲伤几乎占据了她的整个生命，她开始了无止境的担心和烦恼，没能为弗兰克生养孩子的遗憾被丝丝缕缕地织进了她精心制作的、由她充当毁灭弗兰克全部生活的罪魁祸首的故事中，她开始说服自己由于她无法生养孩子才造成了弗兰克极度不幸福的生活，并促成他健康状况的进一步恶化，最终让他落得英年早逝的悲惨结局。

瑞秋故事的核心中或许存在真实的一面，但其中显然也有许多非理性和夸张的部分，治疗师的工作就是引导患者区分事实与假象。瑞秋个案中的核心事实是她不能生养孩子，这也许确实是弗兰克深埋于心的遗憾，但弗兰克看来对瑞秋的喜爱真是出自内心的，而且他也尽力在妻子面前掩饰了任何不愉快的感受，但是故事的其余部分几乎都是瑞秋虚构的。她不能生养孩子的事实并没有直接造成弗兰克的极度不快乐，也没有完全毁了他的生活或导致他健康状况的恶化，当然更谈不上杀死了他。

有效治疗 PGD 的另一个因素是，治疗师与患者共同确定具体可行的目标以便患者能逐步回归正常的生活。被悲伤击溃的人们易于不计后果地放弃一切，他们驻足停留，不想继续迈开生活的脚步，更多地徜徉在过去的时光，然而他们需要的是精心安排了更多活动的丰富多彩的生活，需要的是设法寻找更多与他人共处的机会，需要的是尽快恢复旧有的人际关系，需要的是开始发展新的人际交往。当然，这种积极的全新方法很难给那些不愿摆脱依赖关系的人提供帮助，他们有生以来从没有独立生活的愿望，要在悲伤中开启全新的历程更是难上加难。

实际上依赖关系也有助于治疗进程的继续深入，但它往往从完全负面的角度被人认识，然而依赖关系其实也有其适应性的一面。[26]例如，惯于依赖的人群更倾向于对权威的顺从和呼应，其在长期治疗中更容易对治疗师产生信任感，并自愿遵从他们的指导。依赖型患者也更易于向治疗师敞开胸怀，并接受治疗师针对患者痛苦理念中某些非理性因素的建议。

更为重要的是，依赖型人群通常对人际沟通中的细微差别更加敏感，他们在社会交往过程中更容易抓住并接受或许其他人容易错过的暗示。治疗师在治疗过程中可以利用依赖型人群的这种本能，引导他们发挥敏感的个性优势。

注释：

1. G. A. Bonanno and S. Kaltman, "The Varieties of Grief Experience," *Clinical Psychology Review* 21 (2001): 705-734.

2. J. Bauer and G. A. Bonanno, "Continuity and Discontinuity: Bridging One's Past and Present in stories of Conjugal Bereavement," *Narrative Inquiry* 11 (2001): 1-36.

3. M. J. Horowitz et al., "Diagnostic Criteria for Complicated Grief Disorder," *American Journal of Psychiatry* 154 (1997): 904-910, and H. G.

Prigerson et al., "Consensus Criteria for Complicated Grief: A Preliminary Empirical Test," *British Journal of Psychiatry* 174 (1999): 67-73.

4. 如需对成人依恋行为的当代研究文献做全面的回顾，可参见：M. Milulincer and P. Shaver, *Attachment in Adulthood: Structure, Dynamics, and Change* (New York: Guilford Press, 2007).

5. KerstinUvnäs-Moberg, "Neuroendocrinology of the Mother-Child Interaction," *Trends in Endocrinology and Metabolism* 7 (1996): 126-131.

6. G. A. Bonanno et al., "Interpersonal Ambivalence, Perceived Dyadic Adjustment, and Conjugal Loss," *Journal of Consulting and Clinical Psychology* 66 (1998): 1012-1022.

7. S. Strack and J. C. Coyne, "Social Confirmation of Dysphoria: Shared and Private Reactions to Depression," *Journal of Personality and Social Psychology* 44 (1983): 798-806.

8. R. F. Bornstein, "The Complex Relationship Between Dependency and Domestic Violence," *American Psychologist* 61 (2006): 595-606.

9. D. S. Kalmus and M. A. Strauss, "Wife's Marital Dependency and Wife Abuse," *Journal of Marriage and the Family* 44 (1982): 277-286.

10. R. G. Bornstein, "The Dependent Personality: Developmental, Social, and Clinical Perspectives," *Psychological Bulletin* 112 (1992): 3-23.

11. G. Bonanno et al., "Resilience to Loss and Chronic Grief: A Prospective Study from Pre-loss to 18 Months Post-loss," *Journal of Personality and Social Psychology* 83 (2002): 1150-1164.

12. M. W. Lipsey and D. B. Wilson, "The Efficacy of Psychological, Edu-

cational, and Behavioral Treatment: Confirmation and Meta-Analysis," *American Psychologist* 48 (1993): 1181-1209.

13. D. L. Chambless et al., "Update on Empirically Validated Therapies Ⅱ," *Clinical Psychologist* 51 (1998): 3-16.

14. D. L. Allumbaugh and W. T. Hoyt, "Effectiveness of Grief Therapy: A Meta-Analysis," *Journal of Counseling Psychology* 46 (1999): 370-380; J. M. Currier, J. M. Holland, and R. A. Neimeyer, "The Effectiveness of Bereavement Interventions with Children: A Meta-Analytic Review of Controlled Outcome Research," *Journal of Clinical Child and Adolescent Psychology* 36, no. 2 (2007): 253-259; J. M. Currier, R. A. Neimeyer, and J. S. Berman, "The Effectiveness of Psychotherapeutic Interventions for the Bereaved: A Comprehensive Quantitative Review," *Psychological Bulletin* 134 (2009): 648-661; B. V. Fortner, *The Effectiveness of Grief Counseling and Therapy: A Quantitative Review* (Memphis, TN: University of Memphis, 1999); J. R. Jordan and R. A. Neimeyer, "Does Grief Counseling Work?" *Death Studies* 27 (2003): 765-786; and P. M. Kato and T. Mann, "A Synthesis of Psychological Interventions for the Bereaved," *Clinical Psychology Review* 19 (1999): 275-296.

15. Scott O. Lilienfeld, "Psychological Treatments That Cause Harm," *Perspectives on Psychological Science* 2 (2007): 53-70.

16. G. S. Everly and S. H. Boyle, "Critical Incident Stress Debriefing (CISD): A Meta-Analysis," *International Journal of Emergency Mental Health* 1 (1999): 165-168.

17. J. T. Mitchell, "When Disaster Strikes: The Critical Incident Stress Debriefing Process," *Journal of Emergency Medical Services* 8 (1983): 36-39.

18. R. J. McNally, R. A. Bryant, and A. Ehlers, "Does Early Psychological Intervention Promote Recovery from Posttraumatic Stress?" *Psychological Science in the Public Interest* 4 (2003): 45-79.

19. R. A. Mayou, A. Ehlers, and M. Hobbs, "Psychological Debriefing for Road Traffic Accident Victims," *British Journal of Psychiatry* 176 (2000): 589-593.

20. 世界卫生组织 2005 年 2 月 7 日发布的文章: "Single Session Debriefing: Not Recommended", http://www.helid.desastres.net/?e=d-010who—000—1-0—010—4——-0—0-10l—11en-5000—-50-about-0—-01131-001-110utfZz-8-0-0&a=d&cl=CL4&d=Js8245e.1. 针对这篇文章的任何质疑可向世界卫生组织精神卫生和药物滥用部的 Dr. Mark van Ommeren 询问, 邮箱: vanommeren@who.int。

21. 治疗创伤后应激障碍最有效的是长期暴露疗法, 详见: E. B. Foa et al., "A Comparison of Exposure Therapy, Stress Inoculation Training, and Their Combination for Reducing Posttraumatic Stress Disorder in Female Assault Victims," *Journal of Consulting and Clinical Psychology* 67 (1999): 194-200. 如需了解对创伤后应激障碍成熟的讨论, 请参阅: R. J. McNally, "Progress and Controversy in the Study of Posttraumatic Stress Disorder," *Annual Review of Psychology* 54 (2003): 229-252.

22. H. Prigerson et al., "Prolonged Grief Disorder: Empirical Test of Consensus Criteria Proposed for DSM-V," *PLoS Medicine* (in press), and

第七章 当不幸降临

G. A. Bonanno et al., "Is There More to Complicated Grief than Depression and PTSD? A Test of Incremental Validity," *Journal of Abnormal Psychology* 116 (2007): 342-351.

23. Horowitz et al., "Diagnostic Criteria"; K. Shear et al., "Treatment of Complicated Grief: A Randomized Controlled Trial," *Journal of the American Medical Association* 293, no. 21 (2005): 2601-2608, and W. G. Lichtenthal, D. G. Cruess, and H. G. Prigerson, "A Case for Establishing Complicated Grief as a Distinct Mental Disorder in DSM-V," *Clinical Psychology Review* 24 (2004): 637-662.

24. P. A. Boelen et al., "Treatment of Complicated Grief: A Comparison Between Cognitive-Behavioral Therapy and Supportive Counseling," *Journal of Consulting and Clinical Psychology* 75, no. 2 (2007): 277-284, and K. Shear et al., "Treatment of Complicated Grief."

25. Boelen et al., "Treatment of Complicated Grief."

26. R. F. Bornstein, "Adaptive and Maladaptive Aspects of Dependency: An Integrative Review," *American Journal of Orthopsychiatry* 64 (1994): 622-635.

第八章　恐惧和好奇

约翰·林德奎斯特在去世的那天上午看起来似乎非常高兴，甚至是活泼爽朗。"这就是约翰全部的生活，"希瑟·林德奎斯特回忆说，"那是很特别的一天，他从起床开始心情就很好。我现在脑海里依然能浮现出他一直挂在嘴边的笑意，虽然已经记不清他具体说了些什么。我们起床一起穿衣服时他还说了些玩笑话，当时我们都忍不住开怀大笑。"那天约翰双手环抱着希瑟的肩膀，用力给了她一个熊抱。"那个拥抱充满了深情，你知道，那是男人表达情感的方式。"希瑟说，"约翰平时也经常这样，只是那天他抱得有点太用力了，我忍不住发出了奇怪的声音，我俩都不禁笑出了声。"

那天晚些时候，约翰已经僵硬地缩成一团，躺在医院的轮床上，成了一具毫无生命的肉体。"我呆站在那里，问我自己：'他到底去了哪里？'"希瑟告诉我，"我看到他躺在医院里，我希望他能回来，我想做点什么，无论什么事情，只要他能回来。但后来我想，也许他根本就已经不在那里了。看起来仍然像是约翰躺在那里——那具肉体是他的，但约翰已经消失不见了。我可以清

第八章 恐惧和好奇

楚地看到,虽然那感觉很怪异,约翰已经不在那具静静躺着的肉体里了。"

* * *

亲人死亡带给人的是无尽的痛苦和悲伤,同时也让人感到困惑。

亲人死亡并非普通的日常事件,围绕着死亡的困惑往往也不是普通的日常困惑,而是令人感到陌生、不安又神秘的更大困惑。死亡揭开了挡在人们面前的世俗生活的面纱,至少暂时把我们带到充斥着答案尚不明确的诸多问题的广袤宇宙面前。

如果把丧亲之痛称为意义危机并不准确,大多数丧亲者发现自己并未从传统意义上对死亡为什么发生或者如何发生的质疑中寻找到生命的意义。[1]其实死亡并不是生命的神秘所在,诸如死亡为什么发生和如何发生的答案已经昭然若揭,如"他的心停止了跳动","她倒下了,再也无法恢复","感染蔓延到他的肾脏,摧毁了他的免疫系统"和"影响是直接的,她当场死亡"都是对死亡的表达。

当然有时这个"为什么"的答案也是让人难以捉摸的——"这只是其中之一,她在错误的时间选择了错误的地点,但为什么偏偏是她呢?"然而大多数人最终都找到了自己的方式去接受和面对死亡,尽管他们不喜欢死亡,并且希望发生在自己身上的一切都不是真实的,但最终还是不得不停止了思考。

虽然大多数人都能非常好地应对亲人离世的事实,不再为纠缠不清的对亲人死亡本质问题的质疑而感到困惑,但他们时常感觉不知所措,常常陷入对这一重大问题的思考,并质疑生死以及灵魂存在的可能性。

恐怖

大概在我刚刚步入大学生活时,我与一位同样住在新英格兰小镇的名叫爱丽丝的老妇人建立了一段亲密的友谊。爱丽丝当时已90多岁,但健康状况依然良好,她住在隔壁的小红房子里独自生活,初次见面就明显能感觉到她的与众不同。

某个温暖的夏日我和爱丽丝初次相遇,当时我正在小菜园里忙活着,因为天很热我脱下了衬衣,这时耳边传来类似挑逗的口哨声,就是那种男人看到漂亮女性从身边走过时吹响的口哨,我环顾四周,但没看到任何人。或许是我臆想的口哨声?确定无误后我回到原地拿起工具继续忙着,接着又听到传来的口哨声,这一次当我抬起头朝着声音传来的方向看去时,我注意到站在隔壁房子纱门后面的一位老妇人,她就是爱丽丝。我盯着她好奇地张望,她也隔着纱门望着我,又一次吹起了口哨。我几乎难以置信

第八章 恐惧和好奇

地走到她门前,开始和她攀谈起来,那是一次充满生趣的长时间交谈,也是随后几年我们无数次深度交流的开端。

我从未见过爱丽丝这样的老人,她虽然年老体衰,移动缓慢,但总有说不完的趣事,她的眼角时常带着一丝幽默的微笑。

爱丽丝一生大部分时间都在小镇的一家小书店工作,那里可以称为小镇的文化中心。爱丽丝也是一位涉猎很广的业余历史学家,多年来为当地报纸撰写了大量有关小镇往事的专栏文章。直到生命最后的日子,她仍然保持着好奇和善思的特性。

爱丽丝明白她的生命就像蜡烛将要燃尽般快要走到尽头,但她面对死亡的态度是坦诚平静的。"很快,"她告诉我,"我就会了解任何活着的人都无法触及的世界。""那一天很快就会到来,"她俯下身子笑着说,"我马上就能看到死后发生的一切。"

死亡真的没给爱丽丝带来一丝惊扰吗?或者说她的戏言只是诡计的一部分——或许只是一种自欺,抑或是直接的否认?我对爱丽丝充满信任,我相信她的好奇心完全出自内心的真诚感受,或许只是我的自欺欺人,她其实是把这些当作缓解对死亡焦虑的方式。

死亡是每个人都要面对的重大问题,对生命终结的恐惧和焦虑非同寻常。许多社会学家认为这种对死亡的恐惧其实就存在于表面之下轻易可触的浅处,我们的所作所为——实际上包括人类文化的大部分内容——只不过是对有朝一日我们都将死去这一认

173

知的煞费苦心的象征性防御。这个基本论点因 1973 年哲学家欧内斯特·贝克尔《拒绝死亡》论著的出版而第一次在世界范围内赢得了声誉[2]，这本书出版一年后便荣获了普利策文学奖。一群社会心理学家几十年后详细阐述了贝克尔的观点，形成更为精确和可测试的理论，称为恐惧管理理论（TMT）。

恐惧管理理论的基本内容是这样的：人类在进化过程中逐渐发展出更大容量的大脑和更精细的认知能力及智力的同时，也逐渐意识到自己的弱点和必死的命运。也就是说，人类作为唯一操纵和控制自然的动物，也是唯一会担心死亡的动物。这种对死亡的意识与对自身可能受伤或死亡的无数方式的非凡想象力相结合，于是乎产生了几乎让人窒息麻木的对生命终结的恐惧。

生活在现代社会的人正日益艰难地应对着这种恐惧，首先通过科学技术高度发展所带来的令人清醒的透镜，人们对那些维持生命进展以及将生命带向结束的生物过程的了解有了惊人的飞速发展，许多微妙的自然界秘密已经清晰地展露在众人面前。许多人都相信的这样一个明确无误的暗示：意识只是大脑活动的副产品，当我们死去时不仅我们身体的生物过程停止了，很有可能所有的意识也同时停止了。

在明白了这些道理后我们怎么继续生活呢？TMT 理论家给出的答案是，虽然我们机能复杂的大脑产生了对死亡的恐惧，但内在智慧同时也为我们配备了让痛苦想法陷入困境的聪明应对方法[3]，其中一种普通而又古老的方式就是否认。TMT理论家认为，对死亡的否认与我们用以防范自尊受到打击的其他类型的防御方式非常类似，比如在一次重要的考试中失利，我们可以通过认为这次测试无效或不公平的自我暗示直接否认痛苦感觉。当然否认死亡现实可能更有难度，特别是在丧亲过程中，但抑制不必要的想法肯定是人类正常范围内的能力。

如果抑制作用无法达到预期效果，则可以想象基因能够通过后代进行传递来寻求安慰，这个想法也赋予了一种类似长生不老的感受。我们的孩子以及孙子毫不夸张地说就是我们基因的延续，他们从我们中来，外形和我们很相像，行为举止在某种程度上也和我们如出一辙。这种传承过程中当然也包含着可能令我们难堪的因素，例如，我们的坏习惯也同样完全复制到孩子身上，但这是我们为自身一部分得到传递而获得安慰的同时付出的能够容忍的代价。

然而更大的问题是，这种长生不老其实有先天的内置限制，我们生育的每个孩子大约只能传递父母一半的基因组成，每个连续世代的传递比例再次减半，也就是说，我们孩子的孩子将只能携带我们大约四分之一的基因组成，以此类推基因传递的比例将会直线下降。我想即使是那些不擅长数学计算的人也可以看到，几百年内我们和我们最终的亲属之间的遗传相似度将是微乎其微。

由于大脑具有惊人的想象能力，人们还可以设想并尝试通过其他象征性的路径来传递自身基因，比如努力以各种永久的成就形式或通过伟大的领导能力和远播的名声在文化长河中留下印记，让其他人在即使我们的肉体消灭后依然能记起我们，但这条路径也有其明显的局限性。我想很多人都曾有过类似的经历，在参观过的大大小小的城市公园里总能看到各种人物雕像，那是为曾经因伟大功绩或成就而众所周知的人建造的，但是现在谁还记得那个人？这些曾经辉煌的纪念物现在大多数沦落为鸽子的栖息之处，恐怕这种结局未必是曾经的风云人物所能想到的。

TMT理论家认为消除死亡恐惧的最简单有效的方法是建立文化共享的世界观，他们把世界观定义为"在人类范围内创造和传播群体所共享的对现实本质的信仰"[4]。有关这方面的事例包括认为个人利益远比任何其他伦理关怀重要，或者认为自己的国家和政治制度比其他任何国家和其他任何政治体制都更加优越。[5] TMT理论家认为我们之所以寄希望于这些共同信仰，是因为其"为宇宙提供秩序、意义、价值和文字上或象征性不朽的可能性"。[6]共同的世界观让人们感觉自己是一个比我们自身更强大、更持久的集团或文化整体的一部分，反过来也给我们带来不朽的使命感。

我们对某个世界观保持强烈的信仰通常是因为我们根本无法把世界观视作个人观点的实际情况，世界观在大多数人看来是客

第八章　恐惧和好奇

观的真理,是现实的真相,并且被大众广泛分享,但是有研究表明大多数人其实高估了其他人共同分享信仰的程度。

这种现象被研究人员称为"错误共识"效应。在最初认识到这个效应的实验中,参与实验的大学生被问及是否愿意挂着用大写字母书写"悔改"这个词的广告牌在校园里走一圈。其中,同意挂上广告牌的学生们都认为校园里大部分学生都会愿意像他们一样挂着这样的广告牌,而拒绝挂上广告牌的学生们则认为校园里大部分学生也会像他们一样拒绝这种行为。类似的例子还有很多,如在选举中选民们最心仪的候选人通常假想比实际的受欢迎程度更高。[7]

死亡提醒

TMT 研究人员提出的最严正声明之一是,当人们被提醒难逃死亡命运时,他们会更加执着地坚持共同的世界观,从而抵御死亡的威胁。研究人员用来展示这个声明的过程貌似简单,从"死亡提醒"开始,通常只不过问了几个关于死亡的基本问题,例如,"尽可能具体地写下当你死去或者生理死亡时你认为会发生什么",或"简略地写下当你想到你自己死亡时的情绪状态"[8]。为确保参与这项研究的人不至于直接了解研究人员的目的,必死性问题通常是嵌在其他类型的问题中。

这些有关死亡的简单问题产生了显著的影响。例如，研究人员针对准备进行确定被指控妓女保释金额度工作的市法院法官展开了更为引人注目的调查研究，在经过典型的死亡提醒后，研究人员要求其中一半的法官回答以上两个关于死亡的严肃问题，另一半只要求回答两个无关痛痒的轻松问题，调查结果令人非常吃惊：回答与死亡有关问题的法官比其他法官设定了更高的妓女保释金额度。假如说法院法官对法律条款的解释都是客观的，且不会轻易受到他人的影响，那么两种条件唯一的区别就在于其中一组法官回答了关于自己死亡的两个问题，用 TMT 理论来解释就是：由于卖淫是被普遍认为违背美国道德的行为，法官们也坚持这一观点，而且在被提醒自己必死命运的情况下这种坚持更加强烈。同样的结果在后续有关大学生的研究中得到更为清晰的提示，在这项研究中研究人员首先确定大学生对待卖淫的态度，然后提出了相同的设定保释金的任务，死亡提醒问题再次让学生们设定了更高的妓女保释金额度，并且反应最强烈的是早些时候曾表示卖淫不道德的那群学生。

TMT 还预测当必死命运被突显时，人们对那些与自己世界观一致的人群的反应更加亲切友好，大多数人都反对犯罪在道德上是正确的观念，而且在被提醒自己必死命运时，这种行为则会更被引起重视。为了测试这个想法，研究人员让被试者先阅读了一份有关某位见义勇为女士的材料，这位女士打通热线向警察报

第八章 恐惧和好奇

告了有关令四邻恐惧的危险抢劫犯的关键信息，尽管她很担心万一抢劫犯得知她的身份，可能会对她造成伤害，但她还是坚持打通了热线。在阅读了这位女士的材料后，参与调查的人们被告知，这位女士将会因她的英勇行为而获得金钱奖励，被试者的任务是确定她的奖励金额。正如预测的那样，那些被提醒自己必死命运的人们给这位妇女设定了更高的奖励金额。[9] TMT 理论家认为这也意味着我们控制死亡恐惧的另一个方法是否认我们的动物本性，当我们承认自己是动物时，不得不面对的事实是所有的动物都会死亡，但为对抗这一威胁我们说服自己，在宇宙宏大计划中人类的生存较之动物的纯粹存在有着更为深远的意义。如果 TMT 理论是正确的，这种防御应该有点言过其实。

* * *

TMT 理论研究的重大发现是，我们中的大多数人大概就在意识觉察的表象之下，酝酿着一丝模糊不清又稍纵即逝的对自身弱点和必死命运的恐惧，像蠢蠢欲动的火山随时都会爆发。即使对自身必死命运的最简单提醒也可能会以与该理论更高要求相一致的方式极大地改变着人们的态度和行为。

然而许多心理学家很难接受 TMT 理论的全面本质论者的主张。一则 TMT 理论假设世界观的主要功能是防止对死亡的焦虑。

虽然TMT调查的结果符合这一假说，但这些调查并没有表明减少死亡焦虑是世界观唯一甚至主要的功能；说的更准确一些，TMT理论的批评者很快就指出人类大脑可能进化出了全球信念体系服务于更多缺乏想象力的末梢。例如，信念体系浓缩并记录了我们周遭的世界，从而帮助我们准确预测特定情况下可能会发生的事情，共享信念也强化了团体文化中的成员身份。当感觉到自己属于更大的整体，人们更愿意通力合作、分享资源、同心同力来解决共性问题。[11]这些功能促进了生存活动，并启发人们认识到世界观可能为更基本的目标而演变，而不仅能帮助人们应对死亡焦虑。

TMT理论范例还有一个更为有趣的限制，必死命运提醒只有出现在"意识边缘"，而不是被全意识关注时才有效。[12]例如，在一项美国大学生参与的研究中，在接受了标准的必死命运提醒（"简要描述想到自己的死亡引起的情绪状态"），并体现出世界观强度的明显增加后，美国大学生在对政治文章的评价中表现出了更大的爱国倾向，但是如果学生们对自身死亡问题有了更深、更明确或更长时间的深思熟虑后，那么死亡问题的影响程度会大幅减小。[13]

为什么对死亡更深或更长时间的思考会降低必死命运提醒一贯的影响力呢？TMT理论家给出的解释多少有点避重就轻，他们认为出现这个结果是由于世界观在减少死亡焦虑方面已经完成了使命。[14]针对这个问题或许还有另一种解释：当人们更为慎重地对死亡问题并深思熟虑后，痛苦反应减少的主要原因是有时间思考死亡的意义。大多数人平时都过着紧张忙碌的生活，有地方要前往，有日程要安排，有孩子要抚慰，有期限要赶，有账单要支付，有食物要烹调等等。在这些频繁的活动中对自己生命转瞬即逝的提醒，可能会引发人们一连串的担忧和恐惧，但即便是最繁忙的人最终都必然要放慢脚步，当身心真正慢下来后就能够经常思考生活中更大的问题。当死亡有一天降临身边时，除了敞开胸怀拥抱随之而来的一切之外，我们别无选择。

死亡冥想

佛教僧侣认为对人体脆弱性的反思作为日常冥想的一部分是大大有益于人身健康的，亚洲的佛教徒甚至会在埋葬死者的墓地练习冥想，他们相信腐烂的尸体能促进人们对生命无常更深的体验。西方佛教徒也信奉同样的信念，但要找到尸体辅助冥想练习却不是那么容易，西方人对葬礼有其严格的规定，通常认为和尸体厮混绝对是让人不悦的事情，然而活跃的佛教徒、纽约市佛教基金会执行理事兰德·布朗有不同的想法。[15]

当时有个名为"身体：展览会"的人类尸体展正在纽约进行，这个后来在世界各地广受欢迎的展览展示了通过独特工艺保留下来的真实人类尸体，尸体组织的水分先被清除，然后用类似硅胶的聚合物取而代之。每具尸体都是无皮的，并被摆放成独特姿势，观众能近距离一窥解剖学的奇迹。无可否认这种性质的展品是勇敢者的游戏，但展览原来也可以做得如此愉快甚至平静，常常让来观展的人感到震惊。[16]

兰德·布朗认为展会现场几乎是再好不过的佛教冥想之地。"这个机会对我来说来得太快，"她告诉《纽约时报》的记者，"我与尸体展览组织者通电话，并告诉他们，'我们确实很想在展会现场那样一个地方练习冥想'"。[17]参展商接受了她的请求，并在不久之后安排了大约180名练习者去展会现场进行冥想。整间屋子挤满了练习者，他们在尸体之间的地面铺上自带的垫子，静心完成了半小时的冥想练习。

佛教徒是如何从死亡冥想中获得安慰的呢？这个问题一直以来都引起人们广泛的兴趣，因为佛教关于文化和人类执于坚持虚幻的观点至少从表面上看与TMT理论非常相似。[18]尽管佛教徒两千多年来一直在沉思人类与死亡的斗争以及生命的无常，但其信仰体系在许多方面对人性和哀伤依然保持着乐观向上的理念。

佛教哲学的核心信条全部体现在被称为四圣谛的佛教经典中，要解释真理的最好方法可能是回顾其产生和发展的过程。公元前500年前后，最终悟道成佛的年轻人乔达摩·悉达多在喜马拉雅山麓现在隶属于印度的一个小镇上长大，作为尊贵的王子他

第八章 恐惧和好奇

拥有着与生俱来的锦衣玉食和万般呵护，生活或多或少与日常的痛苦和烦恼保持隔离，或者说有些太过于与世隔绝。

佛陀年轻时与他一墙之隔的外部环境充满着政治和社会的动荡，各类宗教派别如雨后春笋般不断涌现。正如佛经中记载的，悉达多的父亲非常担心年轻的儿子会跑去加入宗教派别。正是出于这种担忧，慈祥的父亲一直将年幼的王子保护在幽静的宫墙内，与外界保持隔离状态，但王子一天一天长大，长成了英俊青年，当然已经不可能人为地将世界与他隔开，父亲精密的计划毫不奇怪地适得其反，当善良无辜而又养尊处优的悉达多王子终于把目光投向身边的世界，立即被周遭人正在经受的深切痛苦而触动，他立即意识到没有任何人能逃过个中痛苦，所有的人，不论贫穷或者富裕，都将从出生经过老弱、病痛，并最终在某个时刻必然走向死亡。悉达多同时也意识到尽管自己现在的生活相对舒适无忧，但总有一天他也必定要面对自己的死亡。[19]这就是佛教四圣谛第一谛之苦谛：生即是苦。

像 TMT 理论家认为的那样，佛陀最终相信人类对死亡和脆弱的恐惧是人类行为和文化的基本动力。正如 TMT 理论家认为世界观具有缓解焦虑的功能，佛陀也认识到人类试图抱着不朽的幻想来缓和对死亡和脆弱的恐惧，这就是佛教四圣谛第二谛之集谛：业与烦恼是苦的根源，痛苦是因为坚持和紧握不朽幻象而产生的。人们都希望自身永久存在，尽管明知任何一具肉体都会腐烂消失，但大多数人都无法放下永世长存的念头。我们时时刻刻在寻求快乐，但快乐永远转瞬即逝难以持久；我们拼命争夺财富和权力，但无论占有了多少财富和权力都远不知足；我们想要获取的总是越来越多，欲壑难填；我们精心装饰身体，漂染头发以预先防止衰老的迹象。人们正如 TMT 理论研究所彻底揭示的那样，怀着归属于那些比自己更加伟大事物的期待而寄希望于某些文化符号并彼此分享信念。

明白了人生无处不在的痛苦后，年轻的悉达多王子毅然决然地离开了往日生活的与世隔绝的华丽殿堂，只身奔赴乡村田园流浪多年苦苦找寻解决之道。他探索并掌握了多种不同的灵修方法，并最终了悟到超越生命无常存在性焦虑的能力却是人人皆有且非常简单，战胜人生无常境况的方式不是如许多苦行僧的说教那样通过纯粹意志或否认肉体需求，而只有通过对无常和痛苦关系的领悟。换句话说，佛陀开始相信一个自相矛盾的道理：只有接受无常的现实，才能最终找到幸福之道。[20]这就是佛教四圣谛之第三谛灭谛：解脱与证果，真诚接受生命无常是找到真正幸福的唯一道路。

佛教文学家常把这种洞察比作如梦初醒，在梦中感觉绝对真实的经历——直到被唤醒时，才会意识到那些经历明显只是一场幻象。[21]佛教文学中有这样一则著名的奇闻逸事：一位新入门者偶遇佛陀[22]，立即被佛陀身上散发出的容光焕发和宁静清澈的特质

第八章 恐惧和好奇

所打动，便停下来问道："朋友，你来自何方？你是仙人还是神？"佛陀只简单地答了声："不是。""那么，你是那种术士或巫师吗？"佛陀又简单地答了声："不是。""好吧！我的朋友，那你是什么？"佛陀回答说："我乃觉者。"

值得赞扬的是佛教徒坦然承认其看待生活的观点与大多数人不同，比如佛教经典中有一则文章指出，幸福感只能通过"断灭身份"而产生，但这种认识"与全世界背道而驰"[23]。因此佛教导师通常鼓励那些新入门者保持对佛教哲学观点的批驳，甚至对核心教义的怀疑。他们建议新入门者不要只是简单地接受，而是应该通过沉思和冥想来检验佛教思想观念正确与否。

然而佛教徒热切盼望的这种冥想实践需要多年的投入和奉献，或许终其一生都远远不够，佛教四圣谛之第四谛道谛阐述了佛教徒如何在生活中身体力行地践行佛法要义，以便最大程度让这些习惯和洞察根深蒂固。

* * *

佛教徒应对丧亲的情况会更好吗？佛教徒按理似乎应该会更为平静地应对丧亲之痛。首先佛教徒一般都能很好地应对逆境，研究人员对那些遭受各种艰难考验的人进行调查后发现，"尽管潜在创伤性事件高度蔓延，（他们的）心理痛苦程度却相当低。"[24]

悲伤的另一面
The Other Side of Sadness

我们前面已提到佛教徒相信直面死亡是有益于健康的,"死亡的现实在佛教社会一直是激发所有善良和智慧行为的重要源泉。沉思死亡不仅不是病态的,而且能使人从恐惧中得到解放,甚至对健康的生活也大有裨益。"[25]除了在尸体旁练习冥想的,佛教修行中还有其他带有引导的冥想练习,如由越南一行法师发展创立的指导练习者想象自己死亡情景的冥想方法:"想象你正坐在一架飞机上,这时机长突然宣布飞机出现故障,可能会坠毁。"这个想法会引发大多数人一连串可怕的念头和对可能出现的景象的想象。但一行法师建议冥想者专注于佛法的教诲,并且坚信由冥想者共同组成的团体是持久的宁静之源:"如果注定会死,你也将优雅地死去,就像在正念的加持下美好地生活。那一刻你将会足够冷静和清醒,明白自己该做什么和不该做什么。"[26]一行法师在另一个目的更明确的冥想练习中,指导他的追随者们生动而细致地深思尸体分解的九个阶段,就仿佛想象中的那具尸体是正在腐烂的自己的身体,这个练习的目的是帮助实施者逐步接受每个人都必定会死的想法,并开始放下时刻困扰他们的日常忧虑和痛苦。

超越恐惧

虽然许多人都不能遵循佛教的基本教义,但是对待死亡同样

第八章 恐惧和好奇

抱持着温和的态度，其他宗教或精神信仰体系也是如此，另外有些人特别容易产生死亡焦虑。TMT 理论研究甚至找到了人们在被提醒自身必死命运后产生抵触反应方面的差异。

对待死亡态度的差异至少在某种程度上可以解释为人格差异，有一种似乎特别容易受到死亡焦虑影响的人格通常被称作权威人格[27]。这种人格类型在二战后不久即引起业界的很大兴趣，德国普通民众公认的被动顺从个性对希特勒种族灭绝纳粹政权的附和，导致了二战悲剧的发生。德国国民性格的缺陷很可能是造成了笼罩德国的纳粹恐怖情景的罪魁祸首，当然这个解释可能过于简单。另一种貌似可信的解释是 20 世纪 30 年代的德国国情是孵化权威主义这一人类本性全面发芽开花的温床。人人都有盲目服从权威的本能，这种人格倾向已经通过像斯坦利·米尔格拉姆等人的实验得到证实。[28] 但是有些人，也就是那些拥有"权威人格"的人，比其他人群更容易服从权威。

TMT 理论研究中关于内、外团体的实验揭示了权威主义和死亡焦虑之间的联系。经典的内、外团体效应是指人们盲目地支持自认为与自己更相像的他人，也就是内团体的概念，人们有时也会盲目地对自认为不同于自己的人不利或不公正，也就是外团体的概念。内、外团体效应也是现代社会种族歧视和偏见的根源，并且与人们遵守共同世界观的需要有关。人们越是将自己定义为一个特定团体或类型的一部分，就越能够享受共享的现实。

我们前面所讨论过的必死命运提醒的实验结果证实了让人们暂时思考自己的死亡似乎毫无意外地加剧了内、外团体效应,也就是说,当人们面对死亡问题,更有可能贬损和拒绝自认为与自己不同或不如自己的人,而且高权威主义倾向的人尤其可能贬损外团体的人,所以大多数拥有权威人格的人被提醒自己的必死命运时会这样做就更不足为奇了。反过来也是如此:越少服从权威的人越不容易受到死亡焦虑的影响,即使在被提醒自己必死命运的情况下也不太可能会贬损外团体。[29]

死亡焦虑的影响也存在单纯的性别差异。我们前面提到人们被提醒自己的必死命运会增加生育孩子的愿望,而且事实证明这种影响在男性群体中表现最为明显。必死命运的提醒对女性生育孩子愿望的影响取决于其对事业成功的关心程度。职业目标明确的女性人群无论是否被提醒自己的必死命运,其生育孩子的愿望程度相对较弱,然而在一次有关的调查研究中,在阅读完一篇作者有意杜撰的鼓吹孩子对事业成功有利之处的不实的报刊文章,并且被提醒自己的必死命运后,被调查的女性表现出对生育孩子的更强烈的渴望。[30]还有另一项研究也发现,人们意识到自己的必死命运后,更愿意从事如蹦极跳、激流冲浪、高空跳伞或大量饮酒等高风险活动,这种影响当然主要表现在男性群体身上。[31]

据我了解,目前还没有关于人类在被提醒死亡命运的情况下,远远甩开自身动物本性的程度差异的调查研究,但是这种差

第八章 恐惧和好奇

异似乎确实存在，例如著名灵长类动物学家弗兰斯·德·瓦尔曾这样写道，"我时常有被两种不同类别人群包围的印象：介意和不介意被比作动物的两类人。"[32]

与复原能力和丧亲之痛有特殊关联，并且与如何面对有关死亡思想的另一种人格品质与依恋行为有关。在上一章中我们简要地谈到了这个问题，与他人亲近并安全相处的能力是一个人正常和健康发展的重要方面。人们依恋行为的程度在某种意义上取决于贯穿一生成长的亲密关系中的互动经历，尤其是早期的依附经历。正常健康的依恋行为通常为人类提供了可靠的内部资源：人们感到受威胁或神经紧张时，可以唤起内在和依恋对象有关的心理图像——就如上一章中所讨论的内部全息图——来作为自我安慰的方式。

有部分人相比其他人更容易建立内部资源支持系统，心理学家通常用依恋类型这个术语来描述依恋行为存在的一贯差异。[33]在亲密关系中很难体验亲密行为的类型被称为不安全依恋，这种类型的人群往往缺乏对需要时可以得到他人帮助的自信，而且也毫无意外更有遭受持久悲伤反应的可能。不安全依恋类型人群并不少见，但也不能因此说是正常现象，大多数人属于更安全的依恋类型，通常能够与他人亲近，并充满自信地依赖他人。安全依恋类型人群也能更好把握悲伤，并且不容易受到死亡焦虑的影响。[34]

我在第五章中描述过的CLOC研究团队针对死亡观念与丧亲

之痛复原能力的相关性展开了独特的调查研究，概括而言就是让参与研究的被试者在配偶死亡前几年接受会谈，会谈的最初阶段被试者被问及各种有关焦虑的问题，例如被试者都被要求回答在多大程度上同意给出的诸如"死亡只是生命进程的一部分"或"我看不出有任何必要担心死亡"等关于死亡的表述，研究结果显示几年前表示不担心死亡或者普遍接受死亡的被试者，在配偶去世时能更好地应对哀伤的痛苦，而且在配偶去世几年后再次被问及同样的问题时，虽然实际上自己也面临死亡这一问题，但大多数被试者仍然或多或少给出了同样的答案。换句话说，即使明知死神已经在门外等候，他们仍然没有感到任何对死亡的担心和恐惧。

好奇心

当我的朋友爱丽丝表示她对人类死后会发生什么充满真切的好奇之心时，我完全相信她说的话。人类是喜好思考的生物，虽然这部分特性并非时时得到如实表现，但对周围世界的探究和质疑一刻也不曾停止。生命的无常本性可能会引起焦虑，甚至令人恐惧，但自从现代人类第一次在地球站立行走以来，这个从未解开的谜团一直像悬在半空的神秘之光，激发着一代又一代人的兴趣和疑问。

第八章　恐惧和好奇

"死亡激发了人类巨大的好奇心，"病理学家冈萨雷斯·克鲁斯这样写道，"不然怎么可能呢？人类生命一旦结束就移居到了某个未知而黑暗的世界，没有任何人回转来向活着的人提交关于来生情况的报告，不管任何形式的报告。对于在前方等待着我们的究竟是什么没有只语片言，我们虽然天性好奇，但可怜的天性也注定了永远无法知晓答案。"[35]

然而人类永远没有停下探索的脚步，人类远祖留下的第一座古老废墟的石头构造居然与行星和恒星的运行轨迹惊人地匹配，似乎暗示着远古先人早就渴望着对天堂的领悟，早期人类似乎也已表现出对死后生命深层次了解的需要。将死亡概念化的本能以及存在来世的可能性其实已经被广泛认为是人类有别于其他动物的突出的精神特性，例如在人类史前遗址发现葬礼仪式的考古证据已经常被引用作为人类自我意识出现和社会起源的标记。[36]

人类在丧亲之痛过程中对神秘生命和灵魂本质的探寻是激烈和锐利的。对亲人的去世谁都别无选择，只能面对本章开始时提到的极其深奥的问题，当然大多数人都能敞开心扉去面对死亡提出的问题。切记！无论是谁都无从选择，因为死亡从来不用征得任何人的许可。虽然用恐惧心态去接受死亡的邀请无可厚非，但许多人都发现死亡的体验不像预期的那样可怕，并且实际上有很多人已然发现了隐藏在死亡体验背后的深远意义。

注释：

1. G. A. Bonanno et al. , "Resilience to Loss and Chronic Grief: A Prospective Study from Pre-Loss to 18 Months Post-Loss," *Journal of Personality and Social Psychology* 83 (2002): 1150-1164; C. G. Davis, S. Nolen-Hoeskema, and J. Larson, "Making Sense of Loss and Benefiting from the Experience: Two Construals of Meaning," *Journal of Personality and Social Psychology* 75 (1998): 561-574; and C. G. Davis et al. , "Searching for Meaning in Loss: Are Clinical Assumptions Correct?" *Death Studies* 24 (2000): 497-540.

2. E. Becker, *The Denial of Death* (New York: Free Press, 1973).

3. T. Pyszczynski, J. Greenberg, and S. Solomon, "A Dual-Process Model of Defense Against Conscious and Unconscious Death-Related Thoughts: An Extension of Terror Management Theory," *Psychological Review* 106 (1999): 835-845.

4. J. Greenberg, S. Solomon, and T. Pyszczynski, "Terror Management Theory of Self-Esteem and Cultural World Views: Empirical Assessments and Conceptual Refinements," *Advances in Experimental Social Psychology* 29 (1997): 65.

5. 关于国家信念中种族优越感的有趣讨论，可参见：T. Adorno et al. , *The Authoritarian Personality* (New York: Harper, 1950). 也可参见 J. Hurwitz and M. Peffley, "How Are Foreign Policy Attitudes Structured? A Hierarchical Model," *American Political Science Review* 81 (1987): 1099-1120.

6. J. Greenberg et al. , "Evidence for Terror Management Theory II: The Effects of Mortality Salience on Reactions to Those Who Threaten or Bolster the Cultural Worldview," *Journal of Personality and Social Psychology* 58 (1990): 308-318.

7. L. Ross, D. Greene, and P. House, "The 'False Consensus Effect': An Ego-Centric Bias in Social Perception and Attribution Processes," *Journal of Experimental Social Psychology* 13 (1977): 279-301; C. E. Brown, "A False Consensus Bias in 1980 Presidential Preferences," *Journal of Social Psychology* 118 (1982): 137-138; and B. E. Whitley, Jr. , "False Consensus on Sexual Behavior Among College Women: A Comparison of Four Theoretical Explanations," *Journal of Sex Research* 35 (1998): 206-214. 如需回顾虚假共识的研究，可参见: B. Mullen et al. , "The False Consensus Effect: A Meta-Analysis of 115 Hypothesis Tests," *Journal of Experimental Social Psychology* 21 (1985): 262-283.

8. A. Rosenblatt et al. , "Evidence for Terror Management Theory I: The Effects of Mortality Salience on Reactions to Those Who Violate or Uphold Cultural Values," *Journal of Personality and Social Psychology* 57, no. 4 (1989): 682.

9. 对妓女保释金和英雄奖励金设置的研究，详见: Rosenblatt et al. , ibid.

10. 关于恐怖管理研究的评论，参见 S. Solomon, J. Greenberg, and T. Pyszczynski, "Pride and Prejudice: Fear and Social Behavior," *Current Directions in Psychological Science* 9 (2000): 200-204, and J. L. Goldenberg,

"The Body Stripped Down: An Existential Account of the Threat Posed by the Physical Body," *Current Directions in Psychological Science* 14 (2005): 224-228.

11. C. D. Navarrete et al., "Anxiety and Intergroup Bias: Terror Management or Coalition Psychology?" *Group Processes and Intergroup Relations* 7 (2004): 370-397.

12. J. Greenberg et al., "Proximal and Distal Defenses in Response to Reminders of One's Mortality: Evidence of a Temporal Sequence," *Personality and Social Psychology Bulletin* 26 (2000): 91-99.

13. 当学生被要求:"感受对自己的死亡最深度的情绪反应",并想象自己被诊断出患有晚期癌症时,其对死亡更深刻的认识被诱发了。然后他们被要求回答关于自己死亡的一系列挑衅性、开放式的问题,例如,"关于自己的死亡最担心的一件事是____",或者"关于死亡我最害怕的想法是____",让学生通过填写与死亡相关的词语,如坟墓、头骨、尸体和埋葬等,激发起对死亡的长期意识。参见 J. Greenberg et al., "Role of Consciousness and Accessibility of Death-Related Thoughts in Mortality Salience Effects," *Journal of Personality and Social Psychology* 67 (1994): 627-637.

14. Greenberg et al., "Proximal and Distal Defenses."

15. MichaelLuo, "Calming the Mind Among Bodies Laid Bare," *New York Times*, April 29, 2006.

16. Bruno J. Navarro, "Exhibition Opens Windows on the Human Body: Skinless Cadavers, Variety of Organs, on Display inNew York Show," MSNBC, December 1, 2005. The show was entitled "Bodies: The Exhibition."

17. Luo, "Calming the Mind."

18. A. Martens, J. L. Goldenberg, and J. Greenberg, "A Terror Management Perspective on Ageism," *Journal of Social Issues* 61 (2005): 223-239. 也可参见: William D. McIntosh, "East Meets West: Parallels Between Zen Buddhism and Social Psychology," *International Journal for the Psychology of Religion* 7 (1997): 37-52.

19. K. Armstrong, *Buddha* (New York: Penguin Putnam, 2001).

20. Thich Nhat Hanh, *The Heart of the Buddha's Teaching: Transforming Suffering into Peace, Joy and Liberation* (New York: Broadway Books, 1999).

21. J. Goldstein and J. Kornfield, *Seeking the Heart of Wisdom: The Path of Insight Mediation* (Boston: Shambhala, 1987).

22. Ibid. , 3.

23. Bhikkhu Bodhi, *The Connected Discourses of the Buddha: A New Translation of the Samyutta Kikāya*, vol. 2 (Somerville, MA: Wisdom Publications, 2000): 1209.

24. E. Sachs et al. , "Entering Exile: Trauma, Mental Health, and Coping Among Tibetan Refugees Arriving in Dharamsala, India," *Journal of Traumatic Stress* 21, no. 2 (2008): 199-208.

25. H. H. The Dalai Lama, Foreword to R. Thurman, *The Tibetan Book of the Dead* (New York: Bantam, 1994): XⅦ.

26. Thich Nhat Hahn, *The Blooming of a Lotus: Guided Mediation Exercises for Healing and Transformation* (Boston: Beacon Press, 1993): 32.

27. Adorno et al., *Authoritarian Personality*.

28. S. Milgram, *Obedience to Authority: An Experimental View* (New York: HarperCollins, 1974).

29. J. Greenberg et al., "Evidence for Terror Management Theory II: The Effects of Mortality Salience on Reactions to Those Who Threaten or Bolster the Cultural Worldview," *Journal of Personality and Social Psychology* 58, no. 2 (1990): 308.

30. A. Wisman and J. L. Goldenberg, "From Grave to the Cradle: Evidence That Mortality Salience Engenders a Desire for Offspring," *Journal of Personality and Social Psychology* 89 (2005): 46-61.

31. G. Hirschberger et al., "Gender Differences in the Willingness to Engage in Risky Behavior: A Terror Management Perspective," *Death Studies* 26 (2002): 117-141.

32. Frans de Waal. *The Ape and the Sushi Master* (New York: Basic Books, 2001): 10.

33. C. Hazen and P. R. Shaver, "Romantic Lover Conceptualized as an Attachment Process," *Journal of Personality and Social Psychology* 52 (1987): 511-524, and P. R. Shaver and C. Hazen, "Adult Romantic Attachment," in *Advances in Personal Relationships*, ed. D. Perlman & W. Jones, 29-70 (London: Kingsley, 1993).

34. R. C. Fraley and G. A. Bonanno, "Attachment and Loss: A Test of Three Competing Models on the Association Between Attachment-Related Avoidance and Adaptation to Bereavement," *Personality and Social Psychology*

第八章 恐惧和好奇

Bulletin 30 (2004): 878-890; M. Mikulincer and V. Florian, "Exploring Individual Differences in Reactions to Mortality Salience: Does Attachment Style Regulate Terror Management Mechanisms?" *Journal of Personality and Social Psychology* 79 (2000): 260-273; and V. Florian, M. Mikulincer, and G. Hirschberger, "The Anxiety Buffering Function of Close Relationships: Evidence That Relationship Commitment Acts as a Terror Management Mechanism," *Journal of Personality and Social Psychology* 82 (2002): 527-542.

35. F. Gonzalez-Crussi, *Day of the Dead and Other Mortal Reflections* (New York: Harcourt, Brace, 1993): 134.

36. R. Leakey, *The Origin of Humankind* (New York: Basic Books, 1994).

第九章　在过去、现在和未来之间

　　C.S. 刘易斯在爱妻死后很想知道她究竟怎么样了,"我可以坦诚地说,我相信她现在是我能看到或看不到的任何东西吗?我在工作中所遇到的绝大多数人都认为这不可能,尽管他们理所当然不能把自己的观点强加给我,无论如何不仅仅是现在。我真正在想些什么呢?我一直充满自信地为其他死者祈祷,直到现在我仍然在这样做,但是每当我尝试为 H 祈祷时,我常常犹豫不决,一团团的困惑与惊奇不断向我袭来,有一种和空气谈论一个不存在的人那种不真实的可怕感受充斥心间。"[1]

　　像凯伦·埃弗利对待女儿的死讯一样,C.S. 刘易斯很难完全接受妻子已经消失的事实。他接受她身体的消亡,并且经过一段时间的适应他已经与妻子肉体消亡的事实达成一致,但是要进一步接受与妻子有关的一切完全消失对他来说更为困难。他确信 H 有一部分仍然存在,但是究竟在哪里呢?又是以什么样的形式存在着呢?

　　当刘易斯试图寻找这些问题的答案时,内在质疑的思维逻辑驱使他几乎做出了许多看似荒谬的举动:

　　　　现在的她在哪里?也就是说,她当下在什么地方存在?

第九章　在过去、现在和未来之间

但是如果 H 已经不再是一具肉体——我曾深爱的那具肉体肯定已不是她，那么她压根儿就已经消失得无影无踪了。"当下"是指某个日期或时间序列上的点，就好像她正在享受一段没有我陪伴的旅程，我看着手腕上嘀嗒走动的手表说："我不确定她现在是否就在尤斯顿。"除非她也像所有活着的人一样，以一分钟六十秒的节奏行进在同样的时间轴上。那么现在又意味着什么呢？如果死者已不在时间的范畴中，或者说不在我们生活其间的时间场域中，那么我们所说的过去、现在和未来又有什么明显的区别呢？

这样提出问题的方式可能会令很多人感到惊讶，因为大多数人都天资愚钝，难以应对和处理如此深奥的问题。况且有些人坚持着强烈的宗教信仰和先入为主的来生信念，有些正从理智上就生存困境或意识与大脑关系的问题展开辩论。刘易斯的观点有推翻人死后还存在某种生活可能的信念的趋势，当然有些人根本没有任何信仰，也没有任何存在来世可能的想法，然而某天亲人或者其他重要人物离开人世，难免会为离去之人究竟去了哪里而苦思冥想，无论此前信仰什么往往都会在真实的死亡面前立即土崩瓦解。

* * *

谢尔盖·比尤利和桑德拉·比尤利结婚已经 25 年了，他们彼此恩爱，婚姻生活充满激情。后来谢尔盖被诊断患有肺癌，他在病魔的摧残下慢慢死去，桑德拉在陪伴他的整个过程中非常艰辛，但就像很多丧亲者一样，她坚强地面对自己的痛苦，尽己所能继续踏上生活之路。

桑德拉是专业记者和广播制作人，就在谢尔盖去世后不久，她给我看过一篇她写的题为"最后的告别"的关于丧失体验的短文，文章清晰简明地突出了桑德拉在丧亲过程中的挣扎、孤独、恐惧和内疚感受，文章还描写了桑德拉似乎陷入怪圈的时刻、几近神秘的状态和类似琼·迪丹描述的"不可思议的想法"的那种经历，然而桑德拉的表述既不单调僵硬，也没有充满某种不祥的预感。桑德拉在丈夫去世后不久便从这种经历中寻找到了平和安宁。

"我一直在尽自己最大的努力，"她写道，"把一切安排妥当。"在谢尔盖生前桑德拉经常和他一起工作，一直以来她对谢尔盖原先开创的那些项目还是呵护备至，但桑德拉总担心自己可能无法管理好这一切："我觉得我会让谢尔盖失望，我担心我没有很好地继承他的遗愿，我常常为此感到非常遗憾。"

某一天晚上她从睡梦中醒过来，突然看见谢尔盖就站在卧室门口，当然并不是有个真实的人站在那里，但确实是谢尔盖模糊的影像停留在那里，虽然只是短暂的片刻，但桑德拉的脑海里留下了挥之不去的信念，她相信是谢尔盖来探访她，看看她现在过

第九章 在过去、现在和未来之间

得怎么样。

几天后的清晨桑德拉睡醒了，面带微笑静静地躺在床上，她突然意识到这微笑和当初她看到的躺在救护车里的谢尔盖的微笑一模一样，那应该是他在对自己的死亡微笑。记得当时护理人员曾说过谢尔盖的样子看上去就像"看到了天使"一般。想到这些桑德拉咧开嘴笑了起来，接着她看见床前出现了一道白光，她形容当时看到的那道白光就像"云朵一样但却不透明,"白光唤醒了她从未体验过的一种宁静安详的感受。桑德拉当时的第一反应是自己也许正在死去，但思考片刻后她确定自己实际上是清醒着的，而且也没有证据表明她在以任何方式被转换或改变，就在这时她再次看到了谢尔盖站在面前，这一次他的形象要比生前高大很多，似乎就像一团雾气般飘浮在她身边。桑德拉静静地看着谢尔盖的形象从云状物的一侧到另一侧像打开扇子一样慢慢展开，但那道白光很快就消失殆尽，只剩下她又独自一人安静地躺在那里。

这段神奇的经历没有令桑德拉感到一丝不安，相反她在自己的文章中这样写道，"我感受到一种长时间的平静，我觉得谢尔盖是来告诉我他正在一个宁静非凡的所在，而且他那里一切都安然美好，他对我这里发生的一切没有丝毫的担心，无论我做了什么——或者什么都不做——都没有关系。他心安神泰，我也不需要为他担心和忧虑。"

谢尔盖真的如桑德拉想象的那样安静地存在于某处吗？他的精神或灵魂真的在某个时刻造访过桑德拉吗？或许这一切只不过是桑德拉漫长梦境遗留的痕迹？

但是那又什么关系呢？

像凯伦·埃弗利、C. S. 刘易斯和其他无数人一样，桑德拉在丈夫死后拥有过意想不到又意义深远的经历，这些经历重新让她建立了自己的信仰，桑德拉为纪念谢尔盖逝世两周年特意赋诗一首，诗的最后一行是这样写的："我失去的只是他的身体，而不是灵魂，他的灵魂天天伴随我左右。"

持久联系

从桑德拉的言谈举止来判断，她无疑是具有很强复原能力的。她为谢尔盖的逝去而哀伤，有时也为失去的一切感到强烈的空虚，但她不仅能够重拾行囊继续前行，还能全情地投入并拥抱生活。她点燃旧情取暖，并沐浴在清新的情感光芒中，她重新开始写作生涯，并且不断探索全新的表现形式。她开始制定诗歌创作计划，并策划出版一部关于她与谢尔盖的生活回忆录。她再一次寻找到激情去从事自己喜爱的事业，她的生活变得有益而富有成效。

桑德拉与谢尔盖类似幻觉般的交流从传统的角度难以给予评

第九章 在过去、现在和未来之间

价,或许还意味着会有更大的麻烦。本书第二章中讨论过的关于丧亲之痛的传统理论,正如弗洛伊德关于悲伤宣泄理论所启发的那样,认为从丧亲中恢复过来的唯一方法是切断与死者的感情,而且传统理论的言论表述是非常坚定毫不退让的。当丧亲者不能断绝与死者的这种关系,或者甚至像桑德拉那样沉迷于这种关系中,其结果注定应该是会带来麻烦和后遗症的。根据传统理论,丧亲者保持而不是切断与死去亲人联系的行为是病态的。[3]从这个观点来看,桑德拉是在利用持久的联系作为某种虚幻体验来掩盖更深的丧亲之痛。

科学的丧亲之痛理论要求丧亲者从更为广泛的角度来看待丧亲经历。首先那些最难放下逝世亲人的丧亲者是典型难以应对悲伤的人群,更确切地说,他们往往就像瑞秋·托马西诺一样彻底被丧亲的悲痛击倒。瑞秋困在对死去丈夫无尽的思念和渴望的循环中难以自拔,更为可悲的是她从这种无限的坚持中几乎无法获得任何的乐趣,对丈夫的回忆对她来说更像一条来自炼狱的锁链。

大多数人都可以唤醒与死去亲人有关的温馨回忆,并从历历往事中寻找到安慰、希望和令心灵宽慰的平静。这些回忆引发的体验当然是有益身心的,有时候情感的纽带以同样有益的精神连接形式表现出来,而且这种与已故亲人的连接有时就像桑德拉感受的那样具体而实在。C. S. 刘易斯在他的文章中曾经写道,他从悲伤中恢复的感觉"就好像是移走了横在面前的一道屏障"[4]。但是屏障消失了又怎样呢？感觉亲人似乎暂时重回人间，仿佛他们复活或者转换成某些别的形态又如何呢？这些体验对健康又有何益处呢？

我想首当其冲需要了解的是，这种经历的普遍程度到底有多大，如果说体验到已故亲人明显的临在和可触及的感觉是罕见的事例，那么人们就不得不接受传统观念所认为的这种体验只是正常悲伤机制失灵的象征，或者至少是有需要令人担心的问题。另外，如果绝大多数丧亲者都有过这种体验，那么就必定可以断定其也属于正常哀伤过程的一部分，尽管有些许怪异意味但其本质上是良性的，甚至是有益于健康的。

然而引起业界注意的是，直到不久前关于这些常见经历普遍程度的问题才被揭开面纱，有了初步答案。究其原因再简单不过，因为从来没人提出这方面的疑问。

研究人员终于开始着手调查这一现象，其结果如果说没有出人意料之外的话，那也是相当富有趣味的。首先有些丧亲者确实在很高深的程度上真切感受到已故亲人的临在，而另外有些人却从未体验过类似的感受。其实许多人被问及这种经历时，即使没有彻头彻尾的愚蠢感觉，也常常会认为这个问题相当奇怪。在研究过程中我也常常看到这种两极分化的情况，每当我提及与死者继续保持联系的话题时，许多人立即眼前一亮，为终于能与我开

第九章 在过去、现在和未来之间

始讨论这个主题而异常兴奋,而有些人只不过摇摇头或者耸耸肩说,"不,我从来没有过那样的感觉。"

还有一次大规模的调查研究同样显示了丧亲者这样的应对模式,绝大多数被调查者认为,逝去的亲人依然在某种程度上一直陪伴在身边或者在"守护"着他们,然而只有三分之一参与调查的丧亲者说起他们经常与已故亲人谈话,略高于三分之一的丧亲者确认他们经常和死者的照片谈话,而且这些人甚至在亲人去世一年之后继续以同样的频率保持着这种谈话。[5]

* * *

当丹尼尔·利维想要和已故的妻子珍妮特"谈一谈",他会独自走到离家不远的一片沼泽地里。"她喜欢观看那里生长的树丛,"他告诉我,"实际上那里没有很茂密的树林,只有零星的几棵树和大片的被海水漫过的空地,环境极其私密幽静。我想除了我和她很少会有其他人去那里,那儿一直是我们交流的空间,只属于我们俩的一方小小天地。"

丹尼尔已经有一条固定的步行路线,他时常在日落前一个小时去那片沼泽地,每次他都会径直走到那块有个碗状凹穴的巨大岩石的一侧,岩石上形成的天然座位朝向那片宽阔的水面,迎面能看到夕阳西下的美妙景象,虽然每天的这个时候有很多小飞虫打扰,但丹尼尔似乎并不介意,"那里的景色太美了,四周生长着松树和桉树,珍妮特生前就很喜欢那些树深深浅浅、参差相伴的色彩。"

珍妮特死后几个月的某一天,丹尼尔想要去沼泽地里待一会儿。"我整天都想着她,或许是孤独的缘故吧。我通常每天同一个时间去那片沼泽地,但是只有这一次我有种非常强烈的感觉。那天她似乎就站在那里说想和我谈谈。"丹尼尔一直呼唤着珍妮特的名字,虽然他什么也没听到,什么也没看到,但他心里十分清楚地知道珍妮特就在那里。

丹尼尔似乎进入了"某种精神恍惚的状态",他长时间地向珍妮特倾诉心声,在旁人看来他好像只是在自言自语,但对丹尼尔来说这绝对是一次"真正的交谈"。每每他向珍妮特提出问题,她似乎都会及时给出答案。我问丹尼尔是否确实能听到珍妮特的声音,他说,"我不能确信自己是否能听到她说的话,我也不能确认是否有声音在沼泽地里和我说过些什么。我无法回答这个问题,但那种感觉是真实的,我的朋友,我能感受到那种真实的感觉。"

罗伯特·尤因在妹妹凯特死后的体验却倒向频谱的另一端,与"大好人"妹妹有关的一切回忆对他来说是每天必修的功课。"她是我生命的一部分,你知道的,是那么真实的一部分,就像我身体中流动的血液。回忆就像偶然吹过的一阵风那样轻易就来

第九章 在过去、现在和未来之间

到我身边,如果我偶尔忘记打开通道,凯特就会自己穿过那扇门,走到我身边坐下来和我说话。那景象非常强烈,就像电影的一幕幕画面。我看着她用一贯忙碌但又八面玲珑的方式和我说话,她还是那么和善,甚至就在我和你谈话的这一刻,我也能看到她就在我身边。"尽管记忆里的画面非常清晰,但罗伯特从来没有过凯特以任何真实形式临在的体验。当我问他是否有过类似体验时,他立即产生了警觉,好像我暗示他可能在某些方面出了毛病:"我从来没有过这种体验,因为我明白凯特确确实实已经去世了,她已经不可能出现在这里,她永远也不会再来这个房间了。尽管我确实希望她真的能回来,但我知道她已经不在人世了。现在我已经接受了这一切,她不会再回来了,她永远都不可能回来了。其实我也不能真的和她谈话,一切已经不再是从前的样子了。"

就像罗伯特·尤因对凯特的回忆一样,茱莉亚·马丁内兹也通过对父亲的回忆得到了缓解,她说父亲给予她的爱和安全将永远成为她生命的一部分,茱莉亚和罗伯特一样从来没有感觉到父亲会亲自或以某种方式来引导她。当我问她是否会有这种可能时,她的脸立即严肃起来:"根本不可能。"问她是否和父亲谈过话,"没有。"她双眼圆睁盯着我,好像在问:"你为什么会问我这些奇怪的问题呢?"紧接着她耸了耸肩笑着说:"你们这是在做什么测试吗?"我消除了她的疑虑,告诉她我之所以问参与这项

研究的每个人这些问题，是因为并非所有丧亲者都有相同的经历。

然而希瑟·林德奎斯特的情况有点不同，她告诉我在丈夫约翰去世后，她已经停止了有关他可能去了哪里以及是否存在灵魂这种东西的思考。"我不是什么了不起的神学家，我猜想谁也无法知道会发生什么。"希瑟偶尔会和约翰聊聊天，通常是在有些事情没有把握时征求约翰的建议，和约翰的谈话通常会在车库里进行。"约翰生前总喜欢待在车库里，摆弄摆弄东西，修理修理物件。他用过的一些工具仍然在那儿放着，孩子们现在有时还会用，那些工具经常让我想起约翰。车库是我和他说话的好地方，那里很安静，私密性也很强。"

我问希瑟她和约翰谈话的过程中是否觉得他是真实的临在，她静静地想了一会儿说，"我假想他已经是不存在的，你知道的，就像悬浮在空中或者类似的样子。但就像我说的，我能知道什么？当我们谈话时感觉好像我又和他在一起，这才是最重要的。每当我开始说话，感觉总是很好，就像我们又能在一起聊聊天。"

* * *

我想从事丧亲之痛研究和写作这本书也是分享自身相关经历的良机，其实我定期会有一些与已故父亲的联系活动，这些活动

第九章　在过去、现在和未来之间

带给我的体验可能与希瑟·林德奎斯特所描述的那种中间状态最为类似。在前面的章节我已经谈到了父亲的离世带给我的反应,当时我没有感受到太大的悲伤,如果要说有什么不同之处的话,那就是我为父亲苦难人生的结束而感觉轻松和释然,并设想自己的生活可能要经历全新的过程而欣慰,但我从来没有停止过对父亲的思念,随着年龄的增长我发现自己常常情不自禁地与父亲交谈——很多时候让我感觉触目惊心。

第一次和故去父亲隔空谈心是在他去世七八年的时候,当时我正在耶鲁大学研究生院攻读博士学位,这段学习经历在我的求学生涯中意味着重大的转折,在一定程度上我也希望父亲能够了解这一切。他去世前认为我一败涂地,这辈子都难以翻身,对我已经不抱任何希望。如果他生前采取其他态度面对我的叛逆行径,或许尝试不同的处理问题的方法,那么我可能不至于迷失到现在。我希望现在的转变能让他稍感安心以告慰他的在天之灵,并且相信一切都会越来越好。我还想让他明白过去发生的一切不是他的错,我已深深理解他作为父亲的无能为力和竭尽所能。我很想和他心平气和地聊聊天,告诉他这些年来在我身边发生的所有事情以及我对他的感激和思念。某一天黄昏时分我独自漫步在一条安静的街道,这个期待已久的夙愿终于得以实现。

起初大声说出心里话对我来说总感觉有点奇怪,以至于不得不再次环顾四周确认环境安全,安静的街道上没有人注意我。我

用平常交谈的方式开始和父亲谈话，"你好，爸爸。"我开口向父亲打了个招呼，然后就停下来仔细听，虽然什么都没听到，但我感觉父亲就在我身边，那种感觉无比温暖而舒适。

我几乎立刻就意识到这将会是一段我以后无法向他人描述的神奇经历，但是一旦我开始试着从专业角度确认这种体验并加以分类，因为我毕竟是一名正在接受培训的心理学家，那种体验很快就消失了，于是我放弃了专业研究打算退回到最初状态，感受能量的自然发生和流转。别说是从来没有想到过父亲会真实地临在，就算是存在这种可能我几乎也从没想过，我感觉自己的身体在一点点膨胀起来。如果我不过多地对发生的一切枉自评价，只是一味地敞开心扉，谈话就能非常流畅地在我和父亲之间传递。这就是我想和所能做到的全部，我并不希望父亲重回人间，他在这里曾经生活得那么痛苦，我有什么理由要把他带回到这里来呢？肯定不会，我只是想和他说说心里话，真的只想要告诉他一些我的事情。我想告诉他我们之间的争执不是他的错，我想告诉他我现在一切都好，我想告诉他我仍然为能有像他这样的父亲而骄傲。当我把心里所想的这一切都明明白白地告诉了他，顿时像大冬天洗了个热水澡般感觉全身一阵轻松。

我必须承认整个过程中多少有些忧虑，自己竟然和已故父亲大声交谈。这是不是灾难性的急剧下滑？我也不清楚。我是不是疯了？或许是有那么一点。还是研究生院的学业让我感觉力不

第九章 在过去、现在和未来之间

从心?

所有的怀疑并没有持续太长时间,很快我就意识到语言能够使思想结构化并且更加清晰。

响亮大声地说出内心对他的需要,至少带回来一点关于我父亲的讯息。

* * *

虽然我从来没有如此率性地做过任何事,但时不时我会有想再次和父亲谈谈的强烈愿望,我确实也时不时地这样做了。这些谈话似乎和其他丧亲者的体验有许多共同之处,一方面我一直有种想得到父亲协助和支持的强烈需求。他死后最初一段时间我只是想和他简单地说说话,但是后来的谈话似乎总发生在我需要仔细考虑并做出某个重要决定的时候。通常我先向父亲描述解决问题可选择的方案,然后通过交谈征求他的意见,虽然我从来没有听到他告诉我的答案,但我对他的反应总会有种明确的感觉。

像大多数有类似经历的丧亲者一样,我也需要私人空间,那种脆弱得近乎有些催眠性质的对话似乎更需要私人空间。最初我和父亲几乎总是在日暮的微光中边走边谈,如果有人走近便立刻停止,后来很可笑的是我发现电梯是最好的谈话场所,尤其是那种旧建筑里的老电梯。电梯门开关很慢,轿厢移动也非常缓慢,每当电梯到达预设的楼层,轿厢通常需要等几分钟才缓慢减速然后停下。我在纽约居住的公寓里就有这样一部电梯,如果我急着赶时间,电梯的迟缓常常让人厌烦。虽然大多数情况下都是如此,但是当我需要和父亲交谈,老电梯无疑成了我们父子会晤的完美私密空间。

这种状态健康吗?

普遍存在的事实意味着正常情况下丧亲者的行为并非是病态表现,然而出于同样的原因,仅仅因为行为的普遍性也不一定意味着状态是健康的。此外我们依然有个疑问,与已故亲人保持长久的情感联系究竟是不是件好事呢?

当传统哀伤宣泄理论的极限性越来越明显时,新一代丧亲之痛理论家开始略带讽刺意味地将研究转到了相反的方向,换句话说就是,他们开始认为丧亲者成功的哀伤宣泄不应该剪断与死者的情感联系,而必须保持与死者情感的延续。十多年前出版的题为"持续联系:哀伤的最新理解"的学术论文集预示着这种翻天覆地的变化,这本书的出版应和了研究浪潮撞击发出的"声音",而且书的封套上堂而皇之地写着"丧亲学者的最新共识",整本书还验证了"哀伤的健康解决之道能使人与死者保持持续的联系"[6]。这段时间其他书籍也表达了类似的观点,例如,有两位研究人员表示,有效的哀悼程序涉及一种"其真实关系(如生命和呼吸等)已经消失的转换……但其他的形式继续保持,甚至以更

第九章 在过去、现在和未来之间

复杂的形式发展"[7]。

一批新的研究课题伴随这些新观念的出现而不断涌出，与丧亲理论家对持续联系的片面乐观情绪相反，新的研究结果令丧亲之痛理论证据的局面更加错综复杂，其中有些研究表明生者与死者之间的持续联系是有益且适合的，而其他研究则显示与已故亲人的持续关系是不健康的。通常在课题研究中对某个特定问题的研究结果出现了似乎走向两个相反方向的情况，几乎总是意味着还有其他因素尚未考虑在内，研究人员称这些因素为调节变量。

如果说这个假设成立的话，那么其中影响最大的调节变量之一应该就是联系的形式。有研究证据强有力地证明，依赖或者使用死者生前所有物以作为丧亲之痛的安慰只能使哀悼者的状况每况愈下。[8]为更好地理解这一点，我们首先想象丧亲者紧紧抓住亲人生前所有物不放的一种更为温和的形式，保存死者生前珍视的某件物品对丧亲者来说并不少见，这种物品常常是死者生前最喜欢的衣物或珠宝，有时也许是一本书，当然有时是如高尔夫球杆或编织篮筐等与死者生前爱好有关的物品。人们选择保存的物品可能对于死者没有特定意义，但却能提醒丧亲者想起与死者有关的某个特定事件或珍贵记忆，保存这些物品对丧亲者来说也是对逝去亲人表示尊重的某种方式，仿佛在告慰死者的在天之灵："我永远不会忘记你。"

丧亲者对于死者生前所有物的依赖情况就因人而异了，比如有些人想方设法保存死者的个人物品,仿佛这些物品比亲人的死亡更加重要。这种依赖行为带有某种强迫意味,比如房间只可以有某种固定的陈设方式,这件或者那件物品只能放置在某个特定的地方,也就是他当时得到这件物品的地方或者想要摆放的地方。仅凭直觉就能看到其中存在的问题,丧亲者保持死者生前所有物特定秩序这一过于极端的需求似乎在孤注一掷地挣扎着想要推翻亲人死亡的事实,家具等的固定布置又似乎是与死者灵魂的某种特殊连接渠道。

与桑德拉·比尤利、丹尼尔·利维和已故配偶的那种类似幻觉般的相互交流不同,在某种程度上像我和希瑟·林德奎斯特都描述过的与已故亲人的对话交流这种持续联系,理念上更加真实的连接有怎么样的效果呢?有过这种类型交流的丧亲者都认为这种交流很令人欣慰,我恐怕无法客观谈论亲身经历带给我什么后果,但是当我和桑德拉、丹尼尔谈到他们的体验时,并没有从他们身上看到任何防御或否认的迹象。他们既没有试图说服我相信来世的信念,也似乎没有逼迫其他任何人相信他们的体验,如果说有什么特别之处的话,那就是他们一直都沉默不语。当我问及交流体验的真实感受时,他们解释说当时有种真实而令人叹服的东西,感觉他们和已故配偶有过真实接触,并且同时肯定这种体验不仅帮助他们从丧亲中恢复,还引导他们从中找到了生命的意义。

第九章 在过去、现在和未来之间

对这个课题的研究思路虽然已逐步明白清晰，但很明显其中有几个重要因素决定了这种关系是否健康，其中之一是时间。与已故亲人持续关系的经历在丧亲后期对丧亲者的身心健康是有助益的，而在丧亲早期丧亲者容易受到进出悲伤状态的振荡和波动状态的伤害，在这个极其脆弱的阶段沉迷于想象中的对话或凝神沉思逝去亲人的临在感受，很容易让丧亲者心境沉溺于更深更大的痛苦悲伤之中而难以平复。只有在情绪超越了过去的悲伤，朝向比较平衡的状况进展，与已故亲人的连接体验才能让丧亲者保持平静通透的心理状态。[9]

另一个重要影响因素是连接的强烈程度。几乎任何一种持续关系只要适度地发生和进展可能都会给人带来安慰，但是连接如果过于强烈或者过分包容，关系双方可能都会迷失在孤独和思念中。还有本书前一章讨论过的依恋质量，对关系感到无助和缺乏安全感时，尤其是在丧亲最初几个月，死者的临在感受在某种意义上会让丧亲者紧张不安，甚至可能会进一步加剧哀悼的痛苦，然而如果对关系质量感到安全和自信，那么连接就更有可能会带给人安慰。

就这个问题我和丧亲之痛持久关系的主要研究人员之一奈杰尔·菲尔德共同探讨过。我和奈杰尔共同进行了一次调查，要求最近失去配偶的寡妇和鳏夫们与已故配偶进行虚构交谈，交谈中每个被试者都设想已故配偶就坐在事先放在他们对面的空椅子上，然后在研究人员事先录制的引导语的带领下进行，整个过程中房间只有被试者独自进行，环境完全是私密的。录音中的引导语建议被试者想象这次谈话是与配偶最后一次的交流契机，他们可以随心所愿地向配偶说出在他们去世后自己想要诉说的心里话，为了让谈话更符合真实情境，被试者被鼓励着直呼死者的名字直接进行交谈。一旦谈话开始，研究人员就在另一个房间使用单向镜进行录像——当然事先已获得被试者许可，以便事后对依恋行为进行编码研究。

参与研究的部分被试者在虚构对话的过程中清楚地证实了依恋关系的不安全和无助感，他们谈到亲人离开后自己的无价值感，并且描述了自己迷失、空虚、软弱和被丧失击溃的感觉。有这种情感体验的丧亲者的私生活中更可能经历与配偶错综复杂又执拗偏激的持续关系，而且他们比其他人更为严重的悲伤反应也是预料之中的现象。[10]

通过这些研究我们对决定持久关系健康与否的重要影响因素有了进一步的了解，并且已取得了重要的进展，但要达到全面的了解仍然任重道远。许多力挺持久关系益处的理论家一致认为还有一个重要的影响因素是文化，为证明这一主张，他们指出了与死者的持久关系在非西方文化中的盛行情况，并强调其在古代礼仪文化中的重要地位和作用，但是文化是很难定义的抽象概念。从生、死以及丧亲之痛的情境来审视与死者的持久关系，归根究

第九章 在过去、现在和未来之间

底就是人们对待来世的不同观念和角度。

注释：

1. C. S. Lewis, *A Grief Observed* (San Francisco: Harper San Francisco, 1961): 34.

2. Ibid., 35-36.

3. K. Kim and S. Jacobs, "Pathologic Grief and Its Relationship to Other Psychiatric Disorders." *Journal of Affective Disorders* 21 (1991): 257-263, and A. Lazare, "Bereavement and Unresolved Grief," in *Outpatient Psychiatry: Diagnosis and Treatment*, 2nd ed., ed. A. Lazare, 381-397 (Baltimore, MD: Williams & Wilkins, 1989).

4. Lewis, *A Grief Observed*, 57.

5. S. R. Shuchter and S. Zisook, "The Course of Normal Grief," in *Handbook of Bereavement: Theory, Research, and Intervention*, ed. M. S. Stroebe, W. Stroebe, and R. O. Hansson, 23-43 (Cambridge, UK: Cambridge University Press, 1993).

6. D. Klass, P. R. Silverman, and S. L. Nickman, eds., *Continuing Bonds: New Understandings of Grief* (Bristol, PA: Taylor & Francis, 1996).

7. Shuchter and Zisook, "Course of Normal Grief," 34.

8. N. P. Field et al., "The Relation of Continuing Attachment to Adjustment During Bereavement," *Journal of Consulting and Clinical Psychology*

217

67 (1999): 212-218, and N. P. Field, B. Bao, and L. Paderna, "Continuing Bonds in Bereavement: An Attachment Theory Based Perspective," *Death Studies* 29 (2005): 277-299.

9. Field et al., "Continuing Bonds," and N. P. Field and M. Friedrichs, "Continuing Bonds in Coping with the Death of a Husband," *Death Studies* 28 (2004): 597-620.

10. N. P. Field, E. Gal-Oz, and G. A. Bonanno, "Continued Bonds and Adjustment 5 Years After the Death of a Spouse," *Journal of Consulting and Clinical Psychology* 71 (2003): 110-117.

第十章　想象来世

1977年美国国家宇航局（NASA）成功发射了"旅行者1号"星际太空船，这是人类首次在同一运行轨道上发射到外太空的姊妹探测器。旅行者1号太空船计划经过木星和土星，如果一切如最初设想那般顺利的话，飞船甚至可以到达太阳系边缘广袤的空白区域。探测器预计能传送回地球的新数据的数量将是惊人的，也会连续不断带来技术难题和科学挑战。尽管旅行者1号项目从本质上来说可谓雄心勃勃，美国国家宇航局的科学家们倾注了全部的精力以满足自己的好奇和兴趣。旅行者1号太空船搭载了科学家们精心准备的大量文化制品，以期飞船哪怕只有万分之一的机会偶遇外星生物之际，能让太空朋友一瞥地球人类的生活状况。飞船搭载的文化制品有哪些呢？其中之一是20世纪20年代著名蓝调歌手布兰德·威利·约翰逊的唱片《一个人的灵魂》，这首歌曲哀伤的副歌部分不言而喻地唱道："是否有人能告诉我，如果你能请回答！是否有人能告诉我，一个人的灵魂是什么？"

大多数人都会在生活的某一刻，为是否有在来世继续存在的不朽灵魂而疑惑。我们如何看待来世呢？如果有人会想起这个问

题，那么对其思考的结果必然决定是否能体验到与已故亲人持续的连接感受，并最终在如何应对丧亲方面产生重要影响。这一章将走近并仔细观察全球各地不同人群想象来世的方式，但在开始这次漫长的世界文化之旅前，先让我们在自己的家园周边停留片刻，把西方文化中关于天堂的概念作为文化旅行的第一站。

在天堂重聚抑或在地狱分离？

犹太教、基督教和伊斯兰教这三大一神论宗教最基本的教义中都包含天堂安息之地的思想基础，当然天堂概念在现代流行文化中也时有出现，书籍、电影、广告甚至坊间笑谈中经常会提及这个字眼，但并不是每个人都态度严肃，有些人甚至不明就里。最近保守派梵学专家小威廉·巴克利的儿子，著名作家克里斯托弗·巴克利被问及是否相信有来世时，他的回答是："唉！没有，但在我遇到稀奇古怪的事情时也曾感到迷惑。哦！爸爸，你在天堂吗？这一切究竟是不是真的？"[1]

其实天堂的概念再简单不过了，大多数人想象中的天堂是一个宁静的地方，那里没有地球生活中的痛苦和磨难，亡灵在那里找到了永远的安息和舒适。这个美好理念在正常情况下能够消除通常与死亡相伴的残酷和恐惧，其实虔诚的宗教信徒对来世的强烈信仰往往会带来良好的心理健康状态[2]，他们对未来的担心和对死亡的焦虑也会比非宗教信徒更少[3]。

天堂的信念从表面上看对丧亲者也会产生安慰作用，至少在哀悼的最初阶段。对于那些坚信天堂在等候忠实信徒的人来说，亲人的去世并不是真正意义上的告别，更像是亲人长时间请假外出，长假一结束他们最终又将重新团聚。

罗伯特·尤因就抱持着这样的信念，大约在他的妹妹凯特去世后一年半左右，罗伯特告诉我他已经明白死亡是生命的一部分。"我们都会经历死亡，或早或晚，我们都将走完自己的人生路，我不想推开来到我身边的一切遭际，我为上帝赐予我生命而快乐，我为我的家人和所有我认识并爱着的人们而感到幸福。与生活告别的那一刻只是另一部分生命来敲门的时刻，死亡也是生命的一部分，我想那可能是另外某种存在的开始，或许有点像天堂。我想凯特现在就待在那里，她在天堂一切都好，每每想到这些总能让我感到欣慰。有一天我的告别时刻来到，我想情况允许的话会再次与她会合。总有一天所有家人如凯特、妻子、孩子和所有相识的人都会在天堂相聚。"

然而不幸的是，这种情境对大多数人来说要维持的话会非常困难。有调查数据显示，美国只有大约三分之一的丧亲者可以从已故亲人在天堂等待的想法中得到安慰[4]，其原因之一在于天堂理念的不确定性本身就是个问题。随着人类对天堂的理解历经几千年的发展演变，对其对立面——令人恐惧的地狱之火也有了概念化的思考。人类一直以来都在苦苦探寻宇宙的秩序和结构，天堂和地狱的概念也在探寻过程中逐渐呈现出辩证的特性：天堂越遥远宁静，地狱就越痛苦可怖。[5]有关调查还显示，大多数美国人都相信有地狱的存在。[6]已故亲人灵魂命运的不确定以及他们进入了天堂还是地狱的疑问，可能会引起丧亲者严重的苦恼。[7]

亲人来世的最终目的地可能带给人们的折磨体验在1998年上映的电影《美梦成真》中得到了深刻的阐释。这部电影讲述了两位美国游客，克里斯和安妮，在瑞士田园诗般的山地湖偶遇后相爱、结婚并生育了两个可爱的孩子，并各自继续经营着一份成功的事业。当一切都让人难以置信地那般完美时，悲剧紧跟着发生了：随着孩子在车祸中不幸身亡，他们的美好生活也破碎了，克里斯和安妮在随后的几年中相依为命，共同承受着丧子的剧烈悲痛，然而正当夫妇俩开始明显表现出好转的迹象时，克里斯意外被人杀害，更大的悲痛再一次排山倒海般地迎面袭来。

接下来的电影桥段表现了克里斯升到天堂并最终与两个孩子团聚的场景，有种美好得近乎令人昏厥的充满幻想的视觉感受，但是幸福的团聚总是很短暂，克里斯在对桩桩件件往事进行拼接回溯时，发现就在自己死后不久，他的妻子安妮陷入了无比绝望之中，并且由于一时冲动结束了自己的生命。由于基督教严令禁止自杀，安妮的灵魂按例已经被驱逐到了地狱，克里斯得知这个消息时异常痛苦。克里斯决定无论在不在天堂都不能和安妮分

第十章 想象来世

开,影片最后部分表现了他历经千辛万苦和安妮重聚的经过。

即使人们抛开了对地狱的担心,设想已故亲人已经升上了天堂,那么还存在另一个天堂有各种严格限制的问题,阻碍了丧亲者与死者之间想象中的各种相互交流。无论想象中的最终团聚有多么新奇,那种令人痛苦、不可逆转并且无限长久的分离仍然会干扰这种团聚。很多丧亲者感觉到已故亲人在天堂守护着自己,天堂的亲人"在上面"能听到或看到他们所做的一切,这种信念让丧亲者感觉心安神泰。但天堂的亲人却不能与丧亲者相互呼应或者产生互动,他们不能探访生者或者与生者保持对话,接受天堂信念且渴望与已故亲人保持联系的丧亲者内心可能会为此而挣扎。

天堂不能被广泛推崇为可信理念可能是影响人们积极笃信宗教的最大障碍,全球范围内大规模的宗教和精神信仰调查发现,天堂理念只在贫穷和受教育程度低的农业国家才得到广泛信仰,而在像美国这样的工业和信息化国家相信天堂的人数已骤然下降。工业化国家超过一半的受访者表示他们不相信天堂的存在,超过三分之二的受访者表示他们不相信任何类似灵魂的概念存在。[8]

《时代》杂志1997年某期的封面文章曾大胆地询问读者:"天堂存在吗?"[9]这篇文章字里行间都流露了与天堂理念极度不协调的声音,虽然引用了得到基督教虔诚信徒认可的轻松喜悦、田园诗般的传统的天堂乐园的画面，但还是表现了甚至在信徒中也存在的天堂可能只是不存在的美好幻想的那种令人不安的疑虑。此外，牧师和神学家也告诫他们的团体，不要随便望文生义地接受天堂的隐喻。现代宗教学者们为了使天堂信仰现代化和合法化而开展了越来越多的活动来淡化这一理念，某些宗教领袖甚至对此采取了强硬的态度，并且主张现代天堂理念只是在阅读旧宗教典籍后停留在字面理解的结果，明显具有"幼稚"和"唯物论"特性，而且在许多方面都"不符合《圣经》的本意"[10]。

唐·德里罗通过其尖酸深刻的小说《白噪音》丰富了围绕着天堂重聚的美好愿望的不和谐音调。[11]这部小说的主人公刚刚遭受了枪伤，并被人送进了一家天主教教堂开办的医院，医院里帮他清理和包扎伤口的护士是名修女。一天当修女来看护他时，主人公正在研究挂在上方的一幅油画，画面描绘了被暗杀的约翰·肯尼迪总统和教皇在天堂相会的理想画面。

他一边凝视着这幅油画，一边壮着胆问修女："天堂是否仍然是旧时的模样，就像油画中描绘的这样，高高悬浮在空中？"但是修女的回答着实让他吃了一惊。

"你觉得我们都很愚蠢吗？"她反问道。

她答话时声音里透出的那股力量令我惊讶。

"天堂是什么？根据教会的教义，那里不是上帝、天使和被拯救的灵魂的住所吗？"

第十章　想象来世

"拯救?什么是拯救?那是死心眼的想法,谁会到这里来谈论天使?请让我看看天使在哪里,我也想看看真正的天使。"

"但你是名修女啊。修女们应该会相信这些事情……"

"你会愚蠢到相信这些?"

"不是我要相信,而是你应该相信。"

"这是真的,"她说,"没有信仰的人需要有信徒,他们迫切希望有人相信……"

"那你为什么要做修女呢?为什么在墙上挂那样一幅画呢?"

她往后退了一步,眼睛里充满了轻蔑的快感。

"这些都是为其他人而做的,不是为了我们自己。"

"但那岂不是太荒唐了。其他哪些人呢?"

"所有的其他人。那些一生都相信我们仍然相信有天堂的其他人……如果我们都不假装相信这些事情,这个世界将会崩溃。"

"假装?"

"当然是假装。你认为我们有那么愚蠢吗,相信能从这里升上天堂?"

"你不相信有天堂吗?作为一名修女?"

"如果你不,为什么我要?"

"如果你相信了,也许我也会。"

"如果我相信,你也不需要相信。"

回来

科学在对来世的争论中对生命最后的结局往往总是想当然,实证方法无法回答人类疑惑的每个问题,罗伯特·瑟曼等佛教学者曾经很快发现了这一点。瑟曼发现西方科学的世界观将心脏停止跳动和大脑停止活动等同于意识的停止。"然而失去意识的死亡画面并非科学发现,只是概念上的见解……科学不应该回避对这幅死亡画面的疑问。"[12] 其实像印度教徒和许多其他宗教的追随者一样,佛教徒应该也会对死亡带来意识终止这一理念产生质疑,他们一致认为肉体生命的尽头并非存在的尽头,模糊的遗迹或意识的本质依然存留着,最终通过轮回过程重新注入生命。

西方人常常使用斩断天堂理念的同一把斧头削去轮回的念头,这种处理问题的方式过于简单化,而且与现代社会更为广泛的知识基础几乎不相吻合。大多数人对于来世的观念,包括那些关于天堂和轮回的想法,其实植根于人类历史上更早期发展形成的概念。那时的人类群居生活在很小的团体或者部落里,各个团体或部落之间往往有着大片无人居住的自然景观。古老的祖先只

第十章 想象来世

是立足本地片面而非全面地体验着世界，正因为如此，他们对地球的大小和形状，以及生命的进化过程几乎一无所知，那么可想而知其对来世生活的想象应该也是相对简单的。

这些观念在现代背景下就显得相当尴尬。[13]如果灵魂不断轮回并循环往复，那么我们不禁要问，为什么全球人口在快速持续地增长？那些新的灵魂来自何方？

不过众所周知，西方至少有一部分对轮回观念反感的人是有教养的，正当天堂的图像潜入西方人的思想时，轮回的概念已经在东方文化中呈现出了原始的特性，东、西方文化的差异造成了太多的误解。

曾经和一位来自印度的朋友兼同事的谈话让我设身处地地了解到这种误解。在我们谈起轮回话题之初，我想这位朋友会对这个话题存有很多疑问。他有很丰富的全球旅行经验，经常往返于他在孟买、伦敦和纽约各地置办的住所，而且他还是位德高望重且思想深刻的学者，在许多令人印象深刻的学科上有着渊博的知识积累，不过说实话他还有点愤世嫉俗。

我问他既然在印度教国家长大是否相信轮回观念。当然我推测他应当意识到在他家乡本土文化中如此普遍的轮回观念，在他似乎同样视为家乡的西方思想传统中表现出的深度差异，那么他在生活的某些方面必然会有挣扎和抗争，但他说从未怀疑过轮回存在的回答确实让我倍感惊奇。看到我无法隐瞒的迷惑表情，他解释说他自身已经与轮回观念一起得到了提升。尽管可能很难从逻辑学或实证角度来证明这一观念，但这一直是他个人和文化背景的核心元素，他只是全然接受这个事实。[14]

且把有证据的辩论置于一旁，那么轮回观念究竟能对缓解丧亲之痛产生什么有益作用呢？轮回观念虽然是东方宗教关键的精神支柱，但也并不否认死亡的事实，更重要的是并不一定能减轻哀悼的痛苦。就这一点而言，虽然天堂和轮回两个观念有其相似之处，但其中也存在着一些关键分歧，其中一个关键的区别是天堂观念承诺了与已故亲人的最终团聚，而轮回在这一点上就显得混沌。轮回观念认为在前世彼此相识的两个人完全有可能在未来转世投胎后再次相遇，但除了极其罕见的情况外他们对过去的关系将会毫不知情。认定轮回观念的西方人曾试图避开这个多少有些棘手的问题，如果不定义为故弄玄虚的话，他们虚构了一种神秘的前世回溯技术，旨在帮助人们识别他们曾经的自我，然而这些技术类似邪教的本质最终似乎使转世投胎的概念在西方进一步被边缘化。

藏传佛教有自己对于轮回的认识。在古老佛教的前身——苯教的某种系统的基础上，藏族人发展出一套关于存在于转世投胎之间暂停状态的复杂概念，他们称之为巴都，也叫中阴身阶段[15]，这一点在《藉理解中有而得自解脱的深法》，或者更为普及的《西藏度亡经》中有非常具体详细的描述。

第十章 想象来世

《西藏度亡经》一书的起源是神秘的，原稿据说是有半仙之称的灵修高士莲花生大师所作。据传他在6世纪口述此作，然后连同其他作品一起藏在西藏山区的洞穴中，其遗失的手稿在14世纪被一位声称是莲花生大师化身的和尚发现。[16]该手稿描写了对精神世界和中阴身阶段的认识，以及追随者认为只能来自更高级的精神生命从神圣的通道才能领会到的未知领域的知识。虽然人们可能会很容易认为莲花生大师只是编造了这一切，但几个世纪以来藏族人一直将这本著作尊为他们精神的指导。

藏族人也将《西藏度亡经》用于指导亲人死亡的准备过程。在现代译本注释的指导激励下，人们大声诵读经文作为帮助临终亲人做好轮回准备的某种方式，并对死者度过中阴身阶段施加一些影响。从《西藏度亡经》的广受推崇足见这种做法可以给临终亲人带来安慰，并帮助活着的朋友和亲人缓解对亲人死亡的焦虑。

虽然这种直接通往死亡的方法很吸引人，但对大多数西方人来说，引导临死的亲人走向介于他们的死亡和下一次转世投胎之间状态的想法在文化上需要有大的飞跃。西方人对这个想法很感兴趣（而且声称可以引导丧亲者接受已故亲人轮回的工作坊和自助书籍也是现成的），但实际上轮回的想法也同样深受困扰人们接受天堂概念的恐惧和幻想的影响。

关于包括天堂和轮回在内的所有来世观念的最大问题就是人

们太注重字面上的理解。人类的现实处境就是不能确定死后发生的一切,这是谁都无法摆脱的宿命,然而与逝去亲人团聚的渴望却驱使人们歪曲自己的信仰,关于来世的信仰不断被拉伸并简化直到满足了自己的需求,至少是自以为是自己的需求,但是这个过程最终无法得到满足。

* * *

茱莉亚·马丁内兹从来没有与已故的父亲谈过话。最初在我们的会谈中她曾经断然否认有过父亲临在的亲身感受,或者是感觉到父亲正在某处看护着她。但在后来的几次会谈中她有点不好意思地承认自己的确对父亲怀有某种秘密的信念,她认为父亲转世成为一只猫,而且已经重新回到人间,以便在她离家去大学时能够照顾她。"第一次发生这种事时我正站在大学宿舍外面的空地上,准备往屋子里走,忽然看到了那只黑色的猫正径直向我走来,嘴里发出那种呼噜呼噜的叫声,你知道,就是当猫想要牛奶或者别的什么吃的东西时经常会发出的那种叫声。它眼睛直直地望着我,仿佛想通过我的眼睛看到灵魂深处,我静静地站在原地,就那样四目相对地彼此盯着对方,突然我未经思考便失声叫了一句,'爸爸?'那声音好像没有得到我的允许就自顾自地从喉咙里跑了出来。它喃喃地似乎在回应着我的呼唤,并且非常温柔

第十章 想象来世

地依偎在我的腿旁,轻轻地摩擦着。"

茱莉亚从来没有百分百地确定这个信念,"对此谁又能说些什么呢?你知道的,那只是一只猫,但是它的一举一动就像我父亲,真的是太像他了……它从来不会对我要求太多,我只是经常喂些食物,事情就是这样的。但是后来有好几天我都没看见它,你知道,虽然我时常有沮丧难过之类的感觉,但却从来不曾被人辜负过,它总是会待在那里,就像父亲生前一样,每当我回到家,父亲总是会在那里。那只猫,你知道,它每次总是直奔我而来,直直地望着我,就像当年父亲望着我说,'一切都会好起来的,杰伊。'就像父亲在呼唤我,'杰伊'。"

茱莉亚一直默默守护着自己的想法,"我从来没有告诉过任何人。我想朋友们可能不会理解,或许塔拉除外,她可能知道有轮回的概念,并且没觉得有什么不好,但我还是不想把这些想法告诉她,如果她把我当成某种怪咖那又有什么好处呢?"

茱莉亚告诉我她在某种程度上也不愿和我谈起自己的经历,因为她不想被别人说服放弃些什么。我听说过许多像茱莉亚一样的故事,故事中的丧亲者受哀悼的痛苦和渴望所驱动,想象着某些与已故亲人沟通的迹象,他们通常相信已故亲人通过另外的生命形式伸出双手向他们发出了信号,那些另外的生命形式常常是某种动物。

无论感知到已故亲人发出的那些信号可能会带来多少安慰,

这种连接似乎都不会持续太久。也许丧亲者最初出于某种几乎达到兴奋程度的期待，偶然意识到保持失而复得联系的可能性，但随之而来的是一步步逐渐的清醒，这种失而复得的全新联系是有限的，对此谁也无能为力。一只再通灵性的猫永远也取代不了已故的父亲，无论茱莉亚有多么希望那只猫就是父亲的化身，就像她自己所说的，"猫不能开口说话。"而且正如很多猫主人都知道的，猫也不是擅长倾听的动物。

完全类似

西方人，甚至某些东方人用来掩饰轮回观念的方式具有很大的讽刺意味。作为轮回信念发源地的东方传统宗教也赋予这个观念以复杂多变和难以捉摸的意义，例如，相识相爱的人离世后注定不能重返人间是得到广泛认同和理解的，但即便如此，死者无法抹杀的本质可能存在于另一个生命中却是得不到任何形式的确认。

重生观念，有时也被称为灵魂的轮回，起源于公元前9世纪的印度。这一时期的东方宗教典籍，如《奥义书》非常晦涩复杂，而且往往还有些阴阳怪气。这些早期的东方著作与后来出现在希腊的西方逻辑论证典籍相比是彻头彻尾地深奥难懂，堪比天书[17]，这也是轮回观念轻易就退居次席的可能原因之一。现代

第十章 想象来世

"新世纪"哲学家在轮回主题上不可能通过查阅古代文献就可以毫不费力地排除万难继续深入探讨，那些不得不面对这些困难的学者会在过程中发现超乎想象的大量歧义，有时甚至要顾及几乎是五花八门的纯粹私人观点的解释。

然而传统印度哲学学者通常一致认为，轮回并不意味着个体意义上的人可以带着特定生活的记忆返回人间。印度哲学中的自我是比个体更为广泛的概念，有点类似于佛教中的自我。佛教与《奥义书》的发展背景相同，都认为日常生活中的自我是虚幻的。人们错误地将物质欲望和身体需求分配给自我，但是根据《奥义书》的教义，真正的自我，阿特曼（印度教指灵魂），其实并不只是个体的概念。甚至英语单词 *self* 其实也没有明确的含义，因为印度教徒相信阿特曼只有通过否定个体方可真正理解，阿特曼是所有生命共享的更大核心物质，就像永恒宇宙世界的灵魂基础。《奥义书》还告诫说人类没有任何理由害怕死亡，一旦有朝一日撒手西去，所有个人的特性和记忆都会随之飘散，只有灵魂永存。[18]

同样的观念贯穿于佛教的所有论著。为了向西方信众解释佛教轮回观念，出生于法国的马修·李卡德法师认为，"轮回和某些'实体'或者其他什么物质的转移毫无关系，轮回并不是转生的过程，因为物质的转移过程没有'灵魂'参与其中。"[19]佛陀当年也曾极力劝阻追随者们不要对诸如"我过去是什么"或"我将

233

来会成为什么"这类问题苦思冥想,他警告说这些问题会导致自我怀疑、恐惧,甚至会心烦意乱。[20]

佛教徒究竟相不相信人类死后会继续存在呢?我想这个问题的答案已经远远超出了本书所要论及的范围,而且不幸的是佛教著作和印度教经文一样,给出的大多数解释也是含义不清的。在这些论著中通常能看到如光明[21]和极限维度[22]这样的术语。美国佛教徒罗伯特·瑟曼曾这样写道,"极其微妙的身心"状态是"非常难以描绘或理解"的,其不应该被误解为"某种固定僵硬的身份";相反,"个体生命最基本的状态是超越身心二元性的,其中包含着宇宙中最美好、最敏感、充满生气和智慧的能量"[23]。尽管瑟曼将这种状态形容成"坚不可摧的滴落"和"所有生灵的鲜活灵魂",他紧接着再次强调这种状态仍然不能展现永恒的自我。[24]这种永远无法确定的特性可能会让人们感到愤怒,而且这或许也是问题的一部分。

以一则著名的佛教经典故事为例吧!曾经有位名叫瓦恰迦塔(Vacchagotta)的行者向佛陀发问:"这个世界是永恒的吗?"佛陀回答:"瓦恰迦塔,我没有讲过这个。"瓦恰迦塔又问道:"那么……这个世界不是永恒的吗?"佛陀回答说:"瓦恰迦塔,我也没有讲过这个。"[25]无畏而又不幸的瓦恰迦塔坚持着自己的质疑:"为什么你在这些问题上一直保持沉默,而其他宗教派别的领袖却不像你一样呢?为什么他们无论如何都愿意表明立场呢?"佛

第十章 想象来世

陀回答："其他教派的领袖愿意回答这些问题，只是因为他们错误地将自我幻觉看成是真实和永恒不变的了。"

所有这一切似乎都同样让人束手无策，人们可能很想知道这些想法是否可能与科学取向的西方世界观的理念相调和，或者至少不用屈服于科学观点而被过度地简化。一批数目惊人的知识界杰出人物，包括伟大的美国心理学家威廉·詹姆斯等在内，曾前赴后继进行了无数次尝试。詹姆斯被广泛认为是现代心理学之父，具有全面而强大的逻辑思维能力，并且在19世纪末和20世纪初出版了一系列很有影响力的研究人类心灵方面的书籍和文章，其中许多文章仍被大量引用于心理学期刊。

詹姆斯在整个职业生涯中养成了精神关怀的强烈兴趣。他在1893年曾举行了一次著名的演讲，他在讲话中把人类对长生不老的渴望形容成"人类最伟大的精神需求之一"[26]。詹姆斯预见性地指出了介于人类最基本的欲望与来自生物及生理科学证据之间日益明显的冲突，其中之一主导着现在西方哲学论述的方向。詹姆斯指出，内行科学家和外行大众同样都分享着看似不可避免的结论：人类的内心生命和意识经验毫无疑问地完全来自于大脑的机能，一旦大脑生理性死亡，意识也随之必然死亡。

然而詹姆斯令人惊讶地对这个广受推崇的论点提出了反驳意见，并且提出了在他写作的那个年代可以获取的所有证据，虽然现代学者已经可以很轻松地扩展他的论点，未必能排除"大脑自身死亡，生命仍然继续"的可能性[27]。詹姆斯认为问题的关键并不在于大脑机能的证据，而在于认为大脑机能是专门产生意识这一狭隘的观点。"当认为科学能切断所有长生不老希望的生理学家宣称这句话'思想是大脑的功能'，他思考这些问题就像他说'蒸汽是茶壶的功能'、'光线是电路的功能'时所思考的一样。"[28]詹姆斯站在这种观点的相反立场认为他们只强调了"大脑的生产功能"，并且指出自然实体的作用远远超过单纯的生产功能，如：棱镜能折射光线，因此有"传递"功能；管风琴瓣膜能释放空气，因此有"准许"功能。同样的功能也表现在人体的不同部位，例如，眼睛视网膜检测并通过视神经向大脑"传递"颜色信息，心脏瓣膜"准许"血液流入和流出。大脑会不会也由于肉眼不可见的宇宙无形之力而发挥着传递或准许的功能呢？

抛出这些语出惊人的观点后，詹姆斯进一步要求所有读者接受一系列接近东方宗教认识论的令人惊讶的假设，他与印度教的阿特曼概念遥相呼应地猜测"过程中的意识并非后天产生……而是在幕后已经存在了很长时间，几乎是与世界同龄"[29]。这也是佛教教理中自我无常虚幻本质的反映，他推测"由物质对象构成的整个宇宙，就像装饰地球的家具和歌颂天堂的唱诗班一样，最终只是表象上覆盖着的一层面纱，遮盖并隐藏着世界的真相"[30]。詹姆斯也对大众的普遍认识提出了批评意见，他认为来世的想法是天真和不合逻辑的。比如针对轮回观念和全球人口增长提出的问题,他回应道,"这个问题描述的情景并不是在一个有限空间里,灵魂不断上升并拥挤在一起,以便腾出地方给新来的居住者。"[31] 相反,"伴随每个新的灵魂而来的是他自己版本的宇宙空间和居住空间……当一个人醒来或者出生,并不意味着另一个人要睡去或者死亡,以保持宇宙意识恒定不变的特性。"[32]

詹姆斯总结道,"每个个体生命都从所有其他个体生命的角度向内实现并享受着自己的存在……通过每个个体就像通过其他多元化的表现渠道一样,宇宙外在的精神实现和证明了自己无限的生命。"[33]

* * *

当然人们在应对丧失时,通常没有时间或兴趣去了解宏大的形而上学的理论。丧亲者大多数时候想要知道已故亲人去了哪里,想要感受另一种存在究竟意味着什么,即使明知这些问题无法找到答案。

威廉·史泰格的儿童读物《阿莫斯和鲍里斯》就人类可能获取转机寻找到"什么"的线索展开了一次美好的探索。[34] 这个童话故事从一只住在海边的名叫阿莫斯的小老鼠说起,阿莫斯非常热爱大海,经常会为远在茫茫大海另一边的异域他乡可能发生的一切而充满好奇。有一天他决定动身去寻找答案,他亲手建造了一艘又结实又精致的小木船，按计划出发并开始了一次意在寻找自我的伟大的探险和旅行。[35]阿莫斯驾驶着小船游遍了四方，并"对生命充满了好奇心，充满了进取心，充满了仁爱心"。后来，"有一天晚上，在波光粼粼的海面上，他看到远处的鲸鱼喷射出晶莹明亮的水柱，那种美妙的景致让他万分惊叹，接着他躺在小船的甲板上凝望着无边无际、星光闪烁的天空，就在这个瞬间小老鼠阿莫斯感受到自己就像广阔宇宙中充满生机的一小点鲜活生物，彻底地融入了身边的一切景物中。"

但就在阿莫斯体验到遍及全身的狂喜时，悲剧突然发生了。阿莫斯"被眼前美丽而神秘的一切所震撼"，一不小心滚下甲板，坠入了大海。虽然他拼尽全力去抓住船舷，但最终还是没能抓住，他喘着气漂浮在水面上，看着一路相伴的心爱小船慢慢地离他远去。他束手无策地漂着，彼一刻还感觉到与万物融合的美妙，此一刻却只能漂在浩瀚的大海上感到孤独和无助。

阿莫斯挣扎着在茫茫的海面上继续漂浮了几个小时，头脑中不断涌现出各种的担忧。"'淹死后会是什么样子呢？'他不知道，'（我的）灵魂会去天堂吗？那里会有其他的老鼠吗？'"

就在阿莫斯感到精疲力竭、难以坚持的时刻，一条巨大的名叫鲍里斯的鲸鱼探出了水面。鲍里斯对这只微小的生物非常好奇，他从来没有见过长得像阿莫斯的生物，于是他把阿莫斯送回到家中。当然阿莫斯对鲍里斯也同样感到好奇，他们各自的惊讶

第十章 想象来世

之处在于：尽管他们都是动物，但却有着截然不同的外形尺寸，并生活在完全不同的世界。在送阿莫斯回家漫长的旅程中，阿莫斯和鲍里斯开始了一段奇异的友情。"他们告诉对方各自的生活和理想，并彼此分享着最隐私的秘密。鲸鱼鲍里斯对陆地上的生活充满好奇，并为永远无法实现而深感遗憾，阿莫斯也为鲸鱼在大海深处感受到的一切而陶醉。"

阿莫斯终于回到了海滩边的家中，两个好朋友也不得不分了手。但多年以后难以预料的转机再次让他们聚在了一起，鲍里斯遭遇了一次巨大的风暴，在多年前他与阿莫斯分别的海滩搁浅，这次当然是由阿莫斯帮助鲍里斯返回大海。威廉·史泰格的童话故事确实也是这样讲述的。

故事以鲍里斯最终依依不舍地游回大海深处而结束。"泪水从鲸鱼鲍里斯巨大的脸颊上慢慢滑落，小老鼠阿莫斯的双眼也噙满泪花。'再见，亲爱的朋友。'阿莫斯声音尖锐的惜别呼唤在空中回荡。'再见，亲爱的朋友。'鲍里斯用浑厚的低音遥相呼应，终于越游越远，消失在无垠的海浪之中。他们深深知道这一别彼此可能就海角天涯永难再见，但他们也默默相信彼此已刻骨铭心永难忘怀。"

史泰格用生动有趣的童话故事阐释了一个至关重要的人生道理：通过他人的眼睛体验生活，常常会得到出人意料且难以想象的深刻洞察。关于丧亲之痛的话也情同此理，人类有史以来都热切盼望着会有来世,希望诸如天堂重聚、灵魂轮回和宇宙精神传递之类的概念能有朝一日美梦成真,但世界是广阔无垠且千差万别的,存在于各种文化中的差异不仅体现在这几个概念上。生活在某些文化背景中的人们其实几乎从来没想过来世,他们带着某种单纯的想法朴实地生活,就在这种不问将来不问来世的全然生活中他们找到了生命本然的幽默和欣慰,有时甚至是某种超然的存在。

"你们对活着的亲人满意吗?"

冈萨雷兹·克鲁斯曾讲述过一位墨西哥农村妇女的故事,她在每年的11月2日都会把屋子里里外外收拾干净,并按例设置好一个祭坛,然后外出到街上与看不见的祖先灵魂愉快交谈,她大声朝向空中说话,然后静静地聆听,一来一往乐此不疲。

"进来吧!我的父亲、母亲和姐妹们圣洁的灵魂,请到家里来坐坐吧!今年你们过得怎么样?你们对我们这些活着的亲人满意吗?我们在厨房里特意为你们准备了玉米粉蒸肉、炸玉米粉圆饼、南瓜和蜂蜜、苹果、橙子、甘蔗、鸡汤和足够的食盐,另外还准备了些龙舌兰酒为你们助兴。你们还满意吗?因为儿子们一年来的辛勤劳作,才能够像往年一样为你们准备这一席盛宴。告诉我圣约瑟夫现在怎么样了?你们收到我们为他做的弥撒了吗?"[36]

那天女人的脑海中闪现过什么样的场景我们只能凭空猜测,

第十章 想象来世

但是有件事情是可以肯定的,那就是她应该没有思考过宇宙难以摆脱的本质特性。当然,那天已故亲人们的拜访和陪伴让她度过了一段欢乐的时光。墨西哥各地民众都会进行类似的与已故亲友的对话,尤其是在一年一度庆祝死亡的日子——亡灵节。

像中国和世界各地其他国家的传统节日一样,墨西哥亡灵节是基于已故亲人灵魂会一年一度在获得特殊的"许可"后去拜访活着的亲人这一民间信仰。这是个古老的习俗,其源头可以追溯到异教徒祖先殖民地时期之前的阿兹特克文明的典礼仪式或者可能更早以前的其他形式。16世纪西班牙人征服了这个地区,随之天主教的仪式和信仰被强加给当地居民,但同时异教徒与已故亲人联系的仪式并没有消失,相反古老的仪式和天主教原有的节日——万灵节,合并在一起而最终表现为亡灵节的庆祝形式。

亡灵节要求所有参与者不用过分严肃,从表面形式上看,亡灵节与美国万圣节有异曲同工之妙,两者都是从异教徒仪式进化而来,都曾经包裹着一层宗教的外衣,尽管现代万圣节早已脱下了这件外衣,但两者还继续沿用着过去的衣着装束和幽默风趣。与万圣节目前主要作为孩子们的休闲娱乐活动不同的是,墨西哥亡灵节仍然保留了最初的精神氛围,虽然部分源于外来旅游者的广泛跟从和普及,近年来庆祝仪式的诚意可能被削弱,但墨西哥亡灵节庆祝仪式仍然在民间继续被推广和传承,尤其是在墨西哥乡村地区。

弥漫在亡灵节过程中的轻松、愉快和幽默的气氛在很多方面都体现出了典型的墨西哥文化氛围,墨西哥人习惯用无忧无虑的愉快态度面对很多严肃的问题,当然也包括死亡。正如墨西哥伟大的诗人奥克塔维奥·帕斯所言,"墨西哥人和死亡相处得非常融洽,时常拿死来开玩笑,爱抚着它,庆祝着它,并和它同吃同睡,死亡俨然成为了人们最喜爱的玩具和最坚定的爱人之一。"[37]

我们从生活在美国的墨西哥人身上也可以看到他们与死亡融洽相处的迹象。墨西哥裔美国人在葬礼期间会比其他美国人花更多的时间去观看,甚至触摸和亲吻已故亲人的尸体,他们花在葬礼和墓地上的时间也会更长。但是这些习俗被带出原来的文化背景后,毫不奇怪可能会出现一些问题,例如美国报纸常有关于墨西哥裔美国人与厌恶其某些"奇怪"举止的美国葬礼及公墓行业专业人士频繁发生冲突事件的报道。[38]体现墨西哥人与死亡意象融洽相处的特别突出的例证是他们在节日庆典中经常使用的卡拉维拉,或者叫骷髅。在墨西哥亡灵节期间几乎到处都是骷髅头和骨架的形象,从商店的橱窗到无处不在的传统奥弗伦达斯舞蹈,连临时的祭坛上也摆放着"涂着艳丽花卉图案的糖制骷髅,赫然显现在成堆的糖果、食品和圣人的图片中"[39]。摆放这些供品为安抚逝去亲人的灵魂并吸引他们前来拜访的明确目的同样让人瞠目结舌,难以接受。一些小型陶瓷和纸型骷髅剧场经常展出微型场景,同时辅以同样大小的家具和服装来描绘和再现祖先的过往生活以及曾经最受欢迎的娱乐活动情景,仿佛某个瞬间的历史突然凝固下来一样。在墨西哥到处都能找到正在演奏乐器、用餐、跳舞、准备食物或者享受棒球游戏的小骷髅。

尽管骷髅剧场展示的目的只是为了娱乐和安抚已故祖先,但对于活着的人们确实也是某种安慰和温暖。当然骷髅形象也经常出现在西方艺术中,例如,在阿尔伯特·杜勒的雕塑和汉斯·荷尔拜因著名的年轻人系列木刻版画"死亡之舞"中就加入了这一形象,但在西方这些骷髅形象往往只用于恐吓并迫使人们对自身的罪恶进行忏悔。墨西哥的卡拉维拉虽然也只是一具骷髅,但没有任何威胁的含义。[40]更确切地说,卡拉维拉表现的是一位面带微笑、亲切温和的典型老朋友形象。[41]

天性快活的骷髅以及和蔼可亲的死亡图像并不仅仅出现在墨西哥文化中,在藏族人居住的任何地方都能看到唐卡,一种描绘佛教重要故事具有象征意义的五彩斑斓的画卷。唐卡通常用于教育和冥想,而且画面也艳丽非凡,就像墨西哥的卡拉维拉一样,唐卡画面中经常混有骨骼形象,有时甚至有更为荒诞的肉体图像,看起来就像一堆腐烂的尸体。

与墨西哥那些骷髅图像惊人相似的一幅特别引人注目的唐卡是关于尸林主故事主题的,尸林主是一对舞动着的骷髅,据传可能是一对护持尸林或坟地的兄妹。[42]关于尸林主的起源有各种各样的传说,其中最精彩的一则是:他们曾经也是僧侣,由于深陷冥

悲伤的另一面
The Other Side of Sadness

想状态而没有注意到一群小偷悄悄靠近，小偷快速把钱财抢劫一空并将他们杀死，但由于死亡时全神贯注的精神状态，两人瞬间演化成了永恒的神灵，负责保护新近死去的灵魂。

唐卡中描绘尸林主的画面中通常还包含许多相当可怕的死亡景象，例如每具舞动的骷髅都持有一个装满了大脑组织的人类头骨，或者叫作嘎巴拉。腐烂变质的人类肉体被肢解得七零八落充斥着整个画面，负责清理死亡污物的动物徘徊在角落里，或者正在找寻果腹之物，或者已然在享用着肉体的某个部位，画面的大背景通常是某种构造与人类骨骼结构完全相同的寺庙图像。

尽管唐卡描绘的画面细节有些不够健康，但尸林主形象本身并没有给人以丝毫不健康的感觉。其实尸林主经常被描绘成热情洋溢的舞者，或者正在进行一场疯狂的交媾，或者正在进行二人互动的杂耍。他们穿戴滑稽可笑，脸上总是挂着看似痴呆愚蠢的笑容，彼此深情而天真地四目相对，似乎即使想要生起什么坏念头，也会因忙于微笑和舞蹈而无法分身。

你听说过其中之一吗？

非洲西部的达荷美共和国的人们享受着另一种与死亡有关的幽默，他们喜欢用说黄段子的方式来庆祝死亡。达荷美共和国曾是有几个世纪繁荣历史的伟大的非洲王国，直到 19 世纪中叶才

第十章 想象来世

沦为法国的殖民地。这个地区现在又宣布独立，成为了贝宁共和国的疆土。尽管历经政治文化的沧桑巨变，达荷美人依旧保留了许多古老的习俗，其中就包括传统的哀悼仪式。达荷美人的葬礼旨在庆祝死者的生命，但葬礼的整体气氛却不至于太过严肃，葬礼通常以彻夜畅饮、欢歌热舞的方式结束。亲人和朋友在葬礼过程中常常一起回忆和讲述死者生前的"淫秽"故事，这些丰富多彩的幽默故事无疑帮助人们缓解了哀悼的痛苦，但达荷美人这么做的初衷并不仅限于此，讲述与死者有关的黄段子主要是为了"逗死者开心"。达荷美人认为在死者去世后"对他们的说教和评价是不文雅和毫无意义的"[43]。非洲人和墨西哥人类似，即便他们不采取对话的交流方式，也通常会很随意地与死者灵魂保持接触。非洲传统的仪式像墨西哥亡灵节一样通常包含类似嘉年华的元素，像在非洲被称作祖先化装舞会的由村民装扮后参加的集体游行仪式。[44]

幽默和欢笑将人们彼此联系在一起，非洲的葬礼仪式在这种文化背景下同样把仪式重点放在更广泛的群体就不足为奇了。非洲有句著名的谚语"Owu antweri obaako mforo"，大概的意思是"死亡的梯子并不只有一个人往上爬"。死亡在传统意义上对非洲人来说"不是个人的事件"，而是"与所有的社会关系相互关联，能激发生者活力并强化人们集体意识的"[45]。村子里个体村民的死亡是"具体体现集体团结意识"的机会。[46]强调对集体意识的关注

245

在非洲裔美国人群体中同样有所体现[47]，那么非洲裔美国人比大多数其他美国人更多地谈起与已故亲人的持续联系的现象就不足为奇了。[48]

精心设计的团体丧亲仪式在许多非西方文化中也常常有所体现，比如，老挝和东南亚的赫蒙族人相信对死者的成功悼念需要安排一系列细节丰富的丧葬仪式，其中必然要牵涉大量的朋友、亲人和邻居[49]；而对于霍皮印第安人来说，"维持与死者适当的联系"是死者所属的整个"宗族"的责任[50]；当苏里南的萨拉马卡族人中有人死亡，专门的礼仪专家会被请来主持葬礼仪式，而且"分别仪式"需要整个族群的全体成员共同参加。萨拉马卡族人认为集体仪式是必需的，这样可以完成死者"与村子本身最后的分别"，而且集体仪式比任何形式的个人哀悼都重要。实际上如果幸存的家庭成员因为过度哀伤而中断了集体悼念程序，他们可能会受到强烈谴责，如果必要的话中断的行为还会被强行制止。

萨拉马卡族人的仪式有时需要持续好几天，最终以超常的集体体验仪式宣告结束，全过程通常涉及 30～40 个亲戚和邻居共同参与空图空达活动，他们相互交换幻想故事，其实通过这些故事他们把自己带进了各自不同的现实情境中。空图空达字面意思是指民间传说园地，当夜幕降临时，村民们聚集在一起，开始分享古老的与生存问题殊死搏斗的故事。活动过程中他们"轮流为

第十章 想象来世

邪恶怪物的古怪举动而惊恐,为淫荡的歌曲笑弯了腰,或者为某次伤感的告别而感动,经历了一场充满智慧又富有情感的多媒体娱乐晚会"。其实讲述的故事与葬礼的实际情况并无相同之处,然而"参与其中的每个人都实现了跨越无形障碍,走进民间传说园地的关键一步"。[51]

某种超乎常人想象的集体仪式通常用来实现与亡灵直接的沟通,人类学家艾米丽·埃亨在台湾北部研究当地祖传仪式时,曾亲眼目睹了赴阴曹地府的集体旅行仪式。她在自己的书中生动详细地描述了当时所看到的情景:一天傍晚时分,萨满助理翁炳太走家串户向全村人宣布:"阴曹地府之行很快就要开始了。"[52]返回时他在路边小店停下,顺便采购了一些仪式需要的纸钱和线香,与此同时在将要举行萨满,或者叫童乩仪式的屋子里,糖果等已用碗装好并摆放妥当,作为敬献给一会儿将被召唤来引导旅行的神仙的供品,童乩巫师开始将当天晚上有与已故亲人取得联系需求的四个人的名字写在小卡片上。

不一会儿屋子里就聚满了人。童乩巫师宣布只有那些打算到阴曹地府旅行的人才可以继续把脚放在地板上,其他大多数旁观者陆续爬上了事先摆放在屋子里的两张平板床上,只剩下四位"准旅客"被蒙住眼睛,双手放在膝盖上静静地坐在板凳上。

虽然村民们对即将开始的仪式很恭敬,但"现场气氛还是相当活跃,确实就像即将要开始一次短途旅行,孩子们彼此打闹欢叫咯咯地大声笑，大人们喋喋不休地高声交谈着"。担任童乩巫师助理的翁炳太不停地拍打着一副木制响板。童乩巫师警告在场的人不要挡在门口，以便神仙可以自由进入，接着他一边反复念叨着神仙的名字，一边焚烧着那种祭祀用的纸钱，作为邀请神仙来到的供品。四位"准旅客"中有三位在不停地很有规律地全身抖动抽搐着，只有其中一位年轻妇女仍然保持平静，大约一个小时后她决定放弃并离开了，临走时嘴里还一个劲儿地抱怨这么长时间坐在板凳上感觉很不舒服。

最后"准旅客"中一位名叫金慈的中年男子似乎进入了恍惚状态，这时童乩巫师也把所有的注意力都放在金慈身上，"点燃的线香散发的大量烟雾萦绕在他头部周围，并冲着他大声喊道：'走'！并且一直摸着他的手，看看有没有变冷。"冰冷的双手通常被认为是表明"旅行开始"的确切标志。[53]

在接下来几个小时的旅程中，童乩巫师询问金慈沿途所看到的一切，并提出了关于如何进入阴曹地府或者四处走动的建议。这次远赴阴曹地府的旅行对于金慈来说并不容易，时而因为找不到正确的道路而显得非常沮丧和困惑，时而因为不得不翻越崇山峻岭而感觉疲惫不堪。童乩巫师继续焚烧纸钱作为给阴曹地府居民的供品，以便让金慈的旅程稍许轻松些。金慈紧接着来到了一座桥边，口中声称阴曹地府居民挡住去路不让他通过，童乩巫师马上焚烧了更多的纸钱，但金慈看上去越来越不耐烦，童乩巫师劝

第十章 想象来世

告金慈"赶快找到另一座桥"。稍后金慈又诉说他遇到了某种"可怕的动物",并苦苦央求道,"我很害怕,不想再继续走下去了。"

童乩巫师想方设法安抚金慈,尽管巫师的权威受到大家的广泛尊重,但在场的村民们明显意识到这次旅行纯粹是个人意义上的旅行。最终金慈的状态逐渐缓和了一些,并决定继续旅行,但他一直没有停止过抱怨。继续向前走了一段时间后,金慈看见了一幢大房子,很多已故亲人都住在里面,他尝试着和他们谈话,但始终没有得到任何回应,亲人们要么没有看到他,要么视而不见地轻慢他。

金慈与已故兄长的相遇是整个旅程中最困难的时刻,他多次尝试与哥哥对话,童乩巫师也按例焚烧了更多的纸钱,但金慈始终没有得到已故兄长的任何回应,他伤心地把脸埋在双手里大声哭述,"我哥哥不想和我说话。我自己的亲哥哥都不想和我说话。"过了几分钟后,金慈宣布说:"如果没有人和我说话,那么我到这里来又有什么意义呢?我要回去了。"

童乩巫师又一次试图说服金慈进一步探索,但这一次金慈的态度非常坚决,还是决定要返回。在巫师念诵着咒语和现场观众不断的呼唤下,过了几分钟金慈终于回来了,他摘下眼罩,揉着哭红的双眼,显出疲惫不堪的样子,但刚刚经历的这段旅程在他的记忆中还是很鲜活,他口中不断重复述说着对哥哥拒绝和他说话的失望,然后躺到另一个房间的床上伸直四肢,很快就进入了深度睡眠的状态。

在仪式进行中的不同时间点，其他两位准旅客也先后陷入了恍惚状态，甚至连童乩巫师助理翁炳太也曾有过类似的经历。翁炳太很喜欢这样的旅行，利用以前几次协助巫师的机会他已经多次参观过阴曹地府。这种旅行在某种程度上很令他着迷，毫无疑问他和其他年轻人一样被阴曹地府形形色色的情景所吸引，他曾经在阴曹地府看到了电影院，甚至有一次还走进了一家妓院，在那次旅行中翁炳太遇到了一群年轻女孩，但因为童乩巫师太了解翁炳太的脾气习性而没有给他任何机会，马上念诵咒语把他从阴曹地府拉了回来。后来巫师解释说，他担心翁炳太会爱上其中一个女孩而拒绝离开，如果真的发生那种事情的话，翁炳太或许会永远留在阴曹地府无法返回。

我想大多数人不会通过到阴曹地府旅行来度过一段美好时光，他们最普遍的动机是去阴间确认已故亲人的生活状况，看看他们在做些什么，过得是否开心，以及是否有什么需求以更好地度过来世时光。如果确定他们有什么如金钱、衣物或者舒适房子等需求，那么活着的亲人能够为他们准备，并且可以采取与童乩巫师同样的方式满足阴曹地府已故亲人的心愿：他们焚烧纸钱或者已故亲人需要的房子、汽车、家具、衣服、食物等东西的纸模型，并且相信这些纸模型被焚烧后会立刻被送到亲人生活着的阴曹地府里。

第十章　想象来世

* * *

虽然在台湾这种阴曹地府之旅的仪式基本上是象征性的，但是伴随这些行为的崇敬之心很难不让人相信其中还有更多更深远的意味。从跃跃欲试想要前往阴曹地府一游的村民们的表现来看，似乎他们完全相信这种仪式是真实的，至少其中有部分真实性，而且焚烧纸制品的现象也是普遍存在的。如果说这一切只不过是某种象征性举动，那么为什么有如此众多的人乐此不疲呢？

这个问题的答案可能是西方人难以理解的，虽然西方人更多地受悲伤和好奇心驱使才开始想象来世，但其中也有某种想要证明自己信念的根深蒂固的需求。西方人曾先后尝试过天堂和轮回的理念，并将其不断简化和歪曲以符合自身需求，然而最终却发现其与科学理论的雄伟结构如此难以调和，这种早已注定的不足之处让人们只能敷衍搪塞，最后两手空空地停留在原地。

其他的文化当然也以不同的方式对此做出应对，但也不是所有文化都有所作为。文化全球化发展使世界越来越小，并且逐渐趋于一统，但许多人不再怀疑自身信仰，继续接受传统仪式，让幽默感尽情绽放，让旧仪式恢复活力。虽然很难判断人们的所作所为有多少出自真诚信仰，但这一切已不再重要，只有仪式才是关键所在，才是重中之重。

西方人是否可能会有同样经历？如果人人都暂时放任自己，全身心投入一次超常的哀悼仪式，会有怎样的体验呢？这种体验是于身心有益的吗？或者只是存在这样的可能？或者只是浪费时间呢？

几年前我决定动身去寻找答案，一直以来我对源远流长的中华文化有着浓厚的兴趣，特别是这个伟大帝国传承久远的有关丧亲之痛的古老仪式。这些仪式在中国仍然延续着，只是随着时代变迁而相对古老起源略有改变，但仍然在当代的中国社会中发挥着举足轻重的作用。我想这些古老仪式可能仍然充满着生气并有着深长的意味，甚至对于来自西方的陌生人，我希望能亲身体验这些古老仪式，随着中国改革开放进程的逐渐深入，梦寐以求的机会自然而然地出现在我面前。

注释：

1. Deborah Solomon, "The Right Stuff: Questions for Christopher Buckley," *New York Times Magazine*, October 26, 2008, 16.

2. K. J. Flannelly et al., "Belief in Life After Death and Mental Health: Findings from a National Survey," *Journal of Nervous and Mental Disease* 194 (2006): 524-529.

3. K. A. Alvarado et al., "The Relation of Religious Variables to Death Depression and Death Anxiety," *Journal of Clinical Psychology* 51 (1995): 202-204.

第十章 想象来世

4. S. R. Shuchter and S. Zisook, "The Course of Normal Grief," in *Handbook of Bereavement: Theory, Research, and Intervention*, ed. M. S. Stroebe, W. Stroebe, and R. O. Hansson (Cambridge, UK: Cambridge University Press, 1993).

5. Elaine Pagels, *The Origins of Satan: How Christians Demonized Jews, Pagans, and Heretics* (New York: Random House, 1995).

6. R. W. Hood Jr. et al., *The Psychology of Religion: An Empirical Approach*, 2nd ed. (New York: Guilford Press, 1996).

7. J. J. Exline, "Belief in Heaven and Hell Among Christians in the United States: Denominational Differences and Clinical Implications," *Omega: The Journal of Death and Dying* 47 (2003): 155-168, and J. A. Thorson and F. C. Powell, "Elements of Death Anxiety and Meanings of Death," *Journal of Clinical Psychology* 44 (1988): 691-701.

8. Pippa Norris and Ronald Inglehart, *Secular and Sacred: Religion and Politics Worldwide* (New York: Cambridge University Press, 2004).

9. David Van Biema, "Does Heaven Exist?" *Time*, March 27, 1997, 71-78.

10. Colleen McDannell and Bernhard Lang, *Heaven* (New Haven, CT: Yale University Press, 1988): 322-333.

11. Don Delillo, *White Noise* (New York: Viking Penguin, 1984): 318-319. 非常感谢我的同事 Barry Farber 向我介绍了这篇文章。

12. R. Thurman, *The Tibetan Book of the Dead* (New York: Bantam Books, 1994): 23.

13. Paul Serges, *Reincarnation: A Critical Examination* (Amherst, NY: Prometheus Books, 1996).

14. *Biography—Dalai Lama: The Soul of Tibet*, A & E Home Video, April 2005.

15. Commentary by F. Fremantle and Chögyam Trungpa, in Chögyam Trungpa, *The Tibetan Book of the Dead* (Boston: Shambhala, 2003): 1-74.

16. Thurman, *Tibetan Book of the Dead*, 5-96.

17. Herbert Stroup, *Like a Great River: An Introduction to Hinduism* (New York: Harper & Row, 1972).

18. Ernest Valea, "Reincarnation: Its Meaning and Consequences," 2008, http://www.comparativereligion.com/reincarnation.html; R. C. Zaehner, *Hinduism* (Oxford, UK: Oxford University Press, 1966); and Robert Ernest Hume, *The Thirteen Principal Upanishads, Translated from the Sanskrit* (London: Oxford University Press, 1921).

19. Jean-Francois Revel and Matthieu Ricard, *The Monk and the Philosopher: A Father and Son Discuss the Meaning of Life* (New York: Schocken Books, 1998): 30.

20. Bhikkhu Ñāṇamoli and Bhikkhu Bodhi, *The Middle Length Discourses of the Buddha: A Translation of the Majjhima Kikāya* (Somerville, MA: Wisdom Publications): 92.

21. Fremantle and Trungpa, *Tibetan Book of the Dead*.

22. Thich Nhat Hanh, *Heart of the Buddha's Teaching*.

23. Thurman, *Tibetan Book of the Dead*, 40.

第十章 想象来世

24. Ibid. , 41.

25. Bhikkhu Bodhi, *Connected Discourses* (1391).

26. W. James, *Human Immortality: Two Supposed Objections to the Doctrine*, 2nd ed. (New York: Dover, 1896): 2.

27. Ibid. , 12.

28. Ibid. , 13.

29. Ibid. , 23.

30. Ibid. , 15.

31. Ibid. , 40.

32. Ibid. , 41.

33. Ibid. , 42.

34. William Steig, *Amos and Boris* (New York: Farrar, Straus & Giroux, 1971).

35. Shelby A. Wolf, *Interpreting Literature with Children* (Mahwah, NJ: Erlbaum, 2004).

36. F. Gonzalez-Crussi, *Day of the Dead*, 71.

37. Octavio Paz, *The Labyrinth of Solitude* (New York: Grove Press, 1985): 57.

38. C. A. Corr, C. M. Nabe, and D. M. Corr, *Death and Dying, Life and Living* (Pacific Grove, CA: Brooks/Cole, 1994); R. A. Kalish and D. K. Reynolds, *Death and Ethnicity: A Psychocultural Study* (Farmingdale, NY: Baywood, 1981), and J. Moore, "The Death Culture of Mexico and Mexican Americans," in *Death and Dying: Views from Many Cultures*, ed. R. A. Kalish

(Farmingdale, NY: Baywood, 1980): 72-91; and Kalish and Reynolds, *Death and Ethnicity*.

39. F. Gonzalez-Crussi, *Day of the Dead*, 37.

40. Ibid., 81.

41. Paul Westheim, *La Calavera* (Paris: Organization for Economic Cooperation and Development, 1983).

42. R. De Nebesky-Wojkowitz, *Oracles and Demons of Tibet* (New York: Gordon Press, 1977).

43. M. J. Herskovits, *Dahomey* (New York: Augustin, 1938): 166.

44. J. K. Okupona, "To Praise and Reprimand: Ancestors and Spirituality in African Society and Culture," in *Ancestors in Post-Contact Religion*, ed. S. J. Friesen, 49-66 (Cambridge, MA: Harvard University Press, 2001).

45. J. K. Opoku, *To Praise and Reprimand* (1989): 20, and. K. A. Dickson, *Theology in Africa* (London: Darton, Longman, & Todd, 1984): 196.

46. Opoku, *To Praise and Reprimand*, 20.

47. Kalish and Reynolds, *Death and Ethnicity*, and A. J. Marsella, "Depressive Experience and Disorder Across Cultures," in *Handbook of Cross-cultural Psychology: Psychopathology*, vol. 6, ed. H. C. Triandis and J. G. Draguns, 237-290 (Boston: Allyn & Bacon, 1979).

48. A. Laurie and R. A. Neimeyer, "African Americans in Bereavement: Grief as a Function of Ethnicity," *Omega* 57, no. 2 (2008): 173-193.

49. R. Kastenbaum, *Death, Society and Human Experience* (Boston:

Allyn & Bacon, 1995).

50. F. Eggan, *Social Organization of Western Pueblos* (Chicago: University of Chicago Press, 1950): 110.

51. R. Price and S. Price, *Two Evenings in Saramaka* (Chicago: University of Chicago Press, 1991): 1, 3, 56-57.

52. Emily A. Ahern 报道了这桩轶事, *The Cult of the Dead in a Chinese Village* (Stanford, CA: Stanford University Press, 1973): 220-244.

53. Ibid., 230.

第十一章 中国的丧亲仪式

1997年我第一次有机会访问中国,因为我的妻子波莱特能说一口流利的普通话,于是她便成为我此行的陪伴者。大概在十几年前中国向西方世界首开国门之际,波莱特曾有幸作为交换生在北京学习交流了近一年的时间,当然那时我们还互不相识。在中国的留学期间她几乎游遍了中国大陆东、西部的大部分地区,并且还曾在台湾的一家市场调查公司工作过一段时间。

因为有波莱特作为我此行的向导,我便有了足够的信心对位于大陆东部人口密集地区的几所大学分别进行学术访问,虽然此行的主要目的是寻求与中国大学就丧亲之痛研究项目的合作机会,但同时也让我找到完成探寻宗庙祠堂个人夙愿的完美借口。

我们首先抵达香港,这个后来对其有充分了解的城市,然后取道进入中国大陆,当时旅行并不像今天这样轻松随意。让世界瞩目的具有中国特色的现代化繁荣增长才刚刚起步,贫困仍然是困扰中国政府和人民的严峻问题之一,中国的城市仿佛刚从蜷缩在狭窄的胡同小巷和破旧建筑的睡眠中苏醒过来。

我们最终决定先访问位于天津的南开大学,然后再到北京的

第十一章 中国的丧亲仪式

几所大学去看看。虽然访问期间我先后会见了不少大学的科研人员，但始终没能找到一个正在进行中有合作机会的项目。当时中西方学者之间的交流才刚刚起步，即使是在大学校园里能说英语的中国人也是凤毛麟角，而且我也不会说中文，波莱特只能勉为其难地代表我进行交流，在转译过程中遗漏了部分观点。

在结束这次访问之行前，我决定再对位于江苏的南京医科大学进行一次访问，于是便提前安排了与南京脑科医院精神病学专家王春芳教授的一次会晤。南京这座曾经的六朝古都依然焕发着美丽的风采，见证历史风雨的古老城墙也被完善地保留了下来。伴随着现代化发展步步逼近的脚步，越来越多的混合着玻璃和石头的现代建筑物在世界各地几乎无处不在，但在我当初访问南京时，放眼望去到处都是优雅的老四合院、街头穿梭的小摊小贩和似乎数也数不清的自行车。

我们走路去南京脑科医院，在道路拐弯处抬头看见一块固定在一面弧形砖墙上由巨大英文字母组成的标牌，标牌显然是不久前刚立的，但已经显露出不容乐观的沧桑感觉，标牌上的几个英文字母已经脱落了，成了"Nanjing Bra n Hos "。标牌下站着一个小贩，旁边乱七八糟地堆了几个西瓜。

我们穿过一道门，走进一幢很小且摇摇欲坠的建筑物。波莱特向一位保安通报了此次访问目的，保安指着旁边一个开放的庭院，让我们在那里等候。我们走过去在长椅上坐下，茫然地看着

身边来来往往的人漫无目的地乱转。那天的天气又闷热又潮湿，难以制止的阵阵热浪慢慢让我难以忍受，情绪也随之渐渐低落，心里不禁默默在想，"究竟是什么原因让我觉得能把这件事办成呢？"

* * *

中华文明是世界连绵不断的古老文明之一，其悠久的历史文化包含着众多与已故祖先保持仪式化联系的可能性。传统仪式在中华大地延续如此之久的原因之一与历代君王保持帝国完整无缺的政治对策有关。中华帝国的疆土曾经扩展到北从西伯利亚南到赤道、东从亚洲太平洋海岸西到欧亚大陆中心的广阔范围。根据最早的历史记载，中华文化曾经由一群彼此独立但常年处于相互征战之中的王国组成，直到公元前221年秦国国君嬴政征服了所有邻邦，一统天下建立了第一个"中华帝国"。

然而历史上帝国的形成绝不是中国独有的，但其他伟大的文明都来去匆匆覆水难收，只有中华文明依然保存至今，一统天下的帝国君王设法在疆土统一、时间持久、中央集权的国家边界内对各不相同的语言文化进行融合。[1]这些异常多样化的语言文化已经和平共处了两千多年，融合的关键在于文化的标准化，在此我们再次把关注重点放回到哀悼仪式上。

第十一章 中国的丧亲仪式

统一后形成中华帝国的彼此独立的王国各自拥有的截然不同的文化最初在多数情况下是互相敌视、互不包容的，经过非常漫长而血腥的征战才逐步得以同化。但这种统一和同化一旦发生，各个城邦必然只能立足于单一联合实体的基础上运转，有史以来帝国建造者试图实现统一的方法之一就是让所有子民都感觉自己是整体的一部分。希腊和罗马帝国就是通过创建遍布整个帝国的统一的政治文化和宗教规范来实现帝国的统一，拿破仑也是如此实现其欧罗巴合众国的统一构想，两千多年来中国也一直贯彻着这种精神。

当然整个文化融合的过程完全不是随意而为的，最终统一形成中华帝国的各个王国已经就某些文化规范达成了共识。首先这些文化都是多神崇拜的，各自信奉的有海神、农神、雷神、战神、商神和火神等，甚至还有信奉主司人造建筑物如护城河和城墙的神，以及监管生者与死者边界的神。

死者的灵魂在中华文化中也被认为具有超自然神仙般的能力，这种观点与西方世界一神论宗教背景下发展出来的天堂概念有更加明显的差别，而且西方文明中的天堂存在有形的边界，而在多神崇拜文化背景下发展出的来世观念却是可以相互渗透的。中华文化认为死者掌管着生者的一切，并且生者需要通过正确履行祖传的哀悼仪式才能得到死者的安抚。中国史上有记载的哀悼仪式从最早献祭动物和活人，到定期进贡食物和牲畜，再到后来

的宗祠或神殿的维修保养。如果哀悼仪式履行恰当，死者的灵魂在来世会得到更好的安排，而且作为对生者崇尚恭敬礼节的回报，生者在必要时可以唤来祖先的灵魂，保佑丰盛的收成或者成功击溃敌人的进攻；但如果哀悼仪式履行得不恰当或者死者生前被忽视或者怠慢，祖先的灵魂在来世会陷入痛苦境地，而且受苦的灵魂很容易会变成复仇之魂。[2]

皇室规矩一如既往都是与众不同的，皇室成员天生就拥有神一般的庄严地位，而且自以为死后在来世还会继续履行帝王的职责并享有帝王的权力，因此那些与帝王身份相匹配的特别的祭祀用品也被认为是必需的和理所应当的。中国皇室成员入葬时常常有一大批不同寻常的物品一起陪葬，如数以千计装满食物和饮料的青铜和陶瓷器皿、炊具、油灯、华丽的织物、璀璨的珠宝以及充足的武器等等。[3]

当然作为皇室成员，已故帝王的灵魂在来世当然也不必为日常琐事费心，这些生活琐事自然要留给仆人们来完成，史上最为不幸的记载是仆人活生生地被埋葬以陪同主人进入来世，因此帝王驾崩对随从们来说其实是非常不幸的消息，帝王的配偶、家人、卫兵、仆人和奴婢，甚至连马匹往往都要成为被祸及的对象，无辜地奉献出鲜活的生命陪同帝王一同入葬。

秦始皇统一中国后立即开始重塑政权和社会，历史记载他不但是残忍的暴君，也是伟大的改革家，在中华帝国的统一和标准

第十一章 中国的丧亲仪式

化方面留下了丰功伟绩。虽然秦始皇在消除皇室成员特殊丧葬待遇方面并未从理念上带来太大的改变，但是他创新性地改变了皇家葬礼习俗，毫无疑问这种改革确实是让他的家人和军队大大地松了口气。秦始皇安排专人制造了与实物一般大小的陶制复制品取代本应陪同他进入来世的随从，改变了他们原本注定要牺牲的命运。这些与实物一般大小的陶制复制品就是现在举世闻名的兵马俑，20世纪70年代在今天的西安附近被发现并逐步挖掘出土。

陶俑在皇家葬礼习俗上使用引起了整个帝国一连串的变化，由于陶俑的制造成本相对低廉，不久之后陶俑在丧葬仪式上的使用便得到了普遍的推广。随着时间的推移，陶俑不光尺寸缩小了，而且制造的细节也简化了，慢慢成为了市场上现成销售的商品，最终大多数人都能买得起这些陶俑作为对自己死亡的纪念。除了使用象征性的陶制品代替真实的祭品，秦始皇还强制执行了关于尸体处理和着装等方面正确方法的统一规定，并规定了葬礼进行的适当时机和行为顺序。[4]尽管秦始皇推行这些改革举措，但像中国如此幅员辽阔且文化多样的帝国能够设法强制实施统一的埋葬和礼节程序也是非比寻常的困难。

秦始皇通过神奇的心理学方法做到了这些，政府并没有立法规定人们对于死亡和来世的信仰，而只是强制执行统一的哀悼行为法典[5]，简而言之人们可以随意相信自己喜欢的来世情景，只要他们能够按照指定方式完成葬礼和祖传的仪式。虽然这些改革举

措看似极其普通，但却能够在不过度触及个人文化价值观的前提下把具有不同背景的部落或王国逐步统一并壮大成唯一的中国政府。此外通过仪式来规范行为本身也隐含着一股令人迷惑的强大内在力量：通过充分的行为重复，以共同的仪式促成统一的信仰。

中国人更多注重行为和履行哀悼仪式的正确方法，而更少关注仪式过程的个人体验的集体习惯极有启发意义，同时也预示着传统仪式在当代中国被理解的方式。最早研究中国葬礼习俗的专家之一，人类学家詹姆斯·沃森曾经指出：

> 中国人都理解和接受执行与生命周期相关的仪式有一套正确方法的观点，这些仪式中最重要的就是婚礼和葬礼，普通人通过依循公认的仪式惯例参与到统一的文化过程中……换句话说，执行高于信仰——只要仪式正确执行，人们对死亡或来世的信仰是无关紧要的。然而……仪式带来转变……仪式不断得到重复是因为其被寄予了变革的力量，仪式改变着人类和世界。[6]

* * *

公元100年前后哀悼仪式在传播过程中发生了重要的进展，中国发明了造纸术。尽管关于造纸术的历史记载情况不一，但最

第十一章　中国的丧亲仪式

广为流传的故事是这样的：一位不起眼的太监蔡伦首先发现了造纸的方法。[7]到6世纪前后以焚烧纸钱的方式象征性地供养死去的祖先已经相沿成习。[8]

纸扎祭品与陶器或青铜制品相比更为实用且价格便宜。随着廉价纸张的广泛应用，死去祖先需要的任何物品都可以用纸制复制品替代，其焚烧后可以被象征性地传送到阴曹地府供祖先使用。提供食品、炊具、餐具甚至动物纸模型的纸品制造行业在中华帝国如雨后春笋般不断涌现，对于某些富裕的顾客，商家可以提供纸船、纸屋，甚至是定制的纸质仆人。

纸扎祭品随时可以焚烧，常用于葬礼仪式中为死者奔赴阴曹地府的旅程做准备。这些纸扎祭品包括纸钱、赴阴曹地府的纸护照和为阴曹地府的守卫准备的礼物等，当然还有死者需要的纸质家居用品的复制品，如厨房电器、服装和电视机等。纸扎祭品一般会在葬礼结束后需要的时候焚烧，例如陷入生活困境的人们可能试图以安抚祖先灵魂的方式，求得死去亲人为个人困惑提供解决方法，或者在某些特定的祭祖节日里焚烧。焚烧纸质复制品作为传送给祖先的礼物，从某种意义上说也是希望能够继续得到祖先仁慈的护佑。

每年农历清明节期间，家家户户都全家共聚在一起为祖先扫墓，并在祖先的墓前留下祭奠供品，以便祖先在另一个世界收到后能继续快乐生活。农历七月十五盂兰鬼节时中国人通常也要焚烧纸扎祭品，虽然盂兰鬼节也是特别为祭奠祖先亡灵而设，但这个节日更为主要的目的是抚慰那些具有潜在危险的尚在到处流浪的孤魂野鬼，防止其对活在世间人们的正常生活产生干扰。这种信仰的部分理念来自于对新近死去的先人灵魂的不稳定和难以预测特性的认识，而过世已久或已得到良好供奉的祖先亡灵则被认为会更加稳定可靠。[9]

盂兰鬼节的起源基于佛教思想中的某些因素，人们认为生前特别贪婪的人会把这种禀性带到来世，他们死后自然也会成为贪得无厌并有潜在麻烦的"饿鬼"。[10]因此为了安抚那些不安分的灵魂，盂兰鬼节逐渐演变成在佛教庙宇里供奉，并聘请法师协助以获取更多精神资源的一种祭奠方式。[11]

盂兰鬼节虽然保留了民间宗教的特性，但在其传承和发展过程中明显还是承载着中华民族的深厚印记，例如，在公元7世纪的唐朝，用于佛教寺庙和道教道观典礼的祭品按例都直接由当地政府的金库提供财政支持，而且供奉历代先皇亡灵的高贵祭品必须由当朝皇帝本人亲自承担，而不能由其他任何人代替。[12]

西方人常常将中国丧葬仪式误解为简单的否认，是对死亡结局和人类脆弱特性产生恐惧的防御机制，然而中国丧葬仪式中丧亲者对正在腐烂的尸体的处理行为正是对西方人异议的公然挑战。祭奠祖先亡灵所有崇敬仪式的核心元素是将精神和肉体进行分离，活着的人们在先人去世几年后掘出其尸体并清理其骨骼的

第十一章 中国的丧亲仪式

现象在中国并不少见，他们真真切切地仔细清理并剔除骨骼上残余的所有组织物，然后恭恭敬敬把骨骼重新安置在更为正式的祖传容器中。[13]

西方文化中人们很难想象会有人做出这种被视为惊悚之举的事情，但是在中国，清洁和处理死去亲人的骨骼不会被当成令人厌恶的行为而遭到排斥，反而会被看作后人们的责任和义务，因为中国人认为死者的灵魂已经离开了身体[14]，一具历经数年且没有灵魂的死人骨骼和陈年的鸡骨头没有太大的不同。

* * *

我和波莱特在南京脑科医院入口处经过几个小时枯燥的等待，终于看到王博士笑盈盈地出现在我们面前，他亲切热心又轻松愉快的陪同马上重新又让我们精神百倍，几轮香茗和玩笑过后他建议我们第二天再来医院，可以与新成立的社会精神病学科室的成员们会面，我想当时仅仅是这种心理专业科室的出现就足以表明中国政府对心理健康态度的巨大改变。第二天一大早我们一到医院就立即被引导走进了一间干净得几乎耀眼，但明显显得空旷的医院侧房，短暂地参观过医疗设施后我们聚集在一间小型会议室里，大家围坐成一个大圈相视而笑。

到这个时候我已经对当地会议的例程非常熟悉了。

一次次开始和停止后,我最终让与会人员明白了我打算在中国研究丧亲之痛的意愿,中国科研人员一般不能理解我想表达的意思,因为找不到与英语单词 grief 相匹配的合适中文翻译,最接近的替代词汇是悲伤和沮丧,没有和 grief 所表达的感受同样特指亲人去世后情绪反应的中文词汇,对我来说就这个词汇本身而言也是令人着迷的文化探索。

然而事态鬼使神差地有了突破性进展,我竟然莫名其妙把研究意图明明白白地传达给了其中一名叫张南平的研究人员,他居然也对西方文化中的丧亲之痛有所了解,并且充分理解我对中美两国丧亲之痛的不同行为和反应进行研究比较的初衷。

初次见面的沟通会议进行了整整两天时间,第二天会议结束前我提出了第一个跨文化丧亲之痛的研究计划,根据研究计划张南平和中方同事将会就近在南京高校医院招募丧亲者,同时我会在美国招募类似的丧亲者组成研究对比组。两国研究人员按计划在招募者历经丧亲之痛的各个阶段向两国丧亲者提出同样的问题,然后比较他们给出的答案。我在为能实施新尝试感到兴奋的同时不得不告别了新同事,和波莱特一起回到美国以便可以开始我的第一次跨国研究。

* * *

不能确定祭拜已故亲人的古老习俗和态度在当时的中国是否

第十一章 中国的丧亲仪式

还被尊崇是研究过程中遇到的最大问题之一，20世纪之前这些习俗依然兴盛是众所周知的，但1949年后某些强制执行的政策改变了许多古老习俗。中国共产党执政之初将过去基于亡灵信仰的迷信遗俗列为陈旧风俗，直到研究开始前不久北京政府对所有古老的哀悼仪式几乎还是持严厉禁止的态度。各地的宗祠要么被改造为供人们使用的公共建筑，要么只能面临被直接拆毁的命运，甚至连焚烧纸钱现象也几乎在全国销声匿迹。

然而自古以来任何古老仪式都很难被完全禁止，中国政府的禁令也只是浩浩荡荡的历史潮流中暂时泛起的一朵浪花。20世纪80年代中国政府为实现更大的经济发展开始从各方面放松约束，古老仪式也随之重新焕发生机。全国各地重新大肆修建寺庙，专门销售仪式用的纸扎祭品的商贩再一次遍布大江南北，目前销售仪式用的纸扎祭品的商贩几乎在全球范围内任何有中国人居住的地方都能找到。[15]虽然扎祭品的纸还是同样的纸，但所扎的物品因为现代人的不同口味而发生了很大变化，现在常见的纸扎祭品有手机和电视、快餐和保健用品，当然仍有广受欢迎的纸质定制的仆人。

中国的邻国越南仿佛被复制一般呈现了同样的情形和模式。[16]越南当局就像中国政府一样试图取缔古代精神仪式而徒劳无果，过程中甚至针对年岁较长的狂热仪式的崇拜者采取以官方的战争英雄纪念活动取代传统祭拜仪式的措施，但事实证明收效甚微。

越南民众坚持自己的文化信仰，想尽一切办法继续用祖传方式供养死者亡灵。[17]越南政府只能逐渐恢复理智放松了相关政策。在经济政策不断放开、自由市场发挥作用的同时，人们公开参与传统习俗仪式的行为也逐渐被默认，并与日益发达的经济状况相辅相成同步发展。实际上在越南修复和重建祖先宗庙和亡灵圣地已经成为地方经济发展的核心特征，越南政府甚至雇用了传统的"灵性大师"协助安置历次战争中牺牲的军人亡灵。[18]

我和张南平以及热情的中国同事们在南京的研究揭示了全面的文化冲突，研究显示中美两国人在丧亲之痛的体验上存在明显的差异。[19]首先中国丧亲者相对于美国对比组成员而言总体来说能够更为成功地应对哀伤，至少体现在中国丧亲者参与西方人所谓的哀伤宣泄方式有所区别。

在中美跨文化研究中丧亲者被问及的很多都是与哀伤宣泄有关的问题，例如，丧亲者思考丧失的程度如何？谈论丧失或让情感表露的情况如何？以及回忆死者、寻找并试图理解丧失意义的频率如何？正如其他相关研究中所展示的，美国人在丧亲最早的几个月越多卷入哀伤宣泄模式，就越有可能会经历长期哀伤症状的困扰，而中国丧亲者的情况却并非如此。虽然中国丧亲者相对美国对比组成员更多地涉及哀伤宣泄，但其哀伤宣泄的过程似乎完全与遭受的痛苦无关。在中国对死去亲人的想念或谈论，抑或对死亡意义的理解几乎都和悲痛的实际水平关系不大。

第十一章 中国的丧亲仪式

这个研究发现起初似乎感觉意义并不大,记得之前已经有人认识到哀悼和祭祖仪式对中国人来说与丧亲的痛苦和折磨没有关系。中国的哀悼和祭祖仪式几乎完全集中在对死者体验的想象中,需要明确的是如何帮助死去的亲人成功地抵达阴曹地府,一旦亲人们顺利抵达目的地,确保他们过上美好的生活就成为问题的焦点。

哭泣就是在不同文化中将悲伤呈现出截然不同含义的完美范例。西方丧亲者在逝去亲人的葬礼上难以抑制内心痛苦时流泪哭泣,每滴眼泪都意味着内心情感的真诚流露,仿佛痛苦能够直接通过双眼宣泄而出。

而中国葬礼上的哭泣则是蓄意而为的,其实每次哭泣都是经过事先严密策划,以便能在仪式适当时刻呈现,而且中国葬礼上专业的送葬者和乐师通常也是花钱雇来帮忙的。送葬乐师使用一种叫唢呐的特别乐器演奏着忧伤的乐曲,强化丧亲者忧伤的情绪,而同样是雇来参加仪式的送葬者会在指定的时间号啕大哭,提示其他人可以跟随一起挥洒眼泪。

中国葬礼上的哭泣主要不是丧亲者对自身痛苦的释放,而是向已故亲人发送的某种信号。例如在靠近台北的北部村庄,死者家庭的所有成员在哀悼第七天早早起床,摆好祭祀用的供品,然后开始肆无忌惮地号啕大哭。[20]当地风俗认为在亲人去世后第七天应该尽可能早起用祭品和哭泣为亲人送行,因为那天死去的亲人会最终意识并确定自己已经彻底死亡。活着的人们预计死者意识到这一切时会经历巨大的悲伤,而号啕大哭能帮助死者减轻痛苦,正如一位送葬者所说,"如果我们足够早起并在死去的亲人发现自己确定死亡前痛哭,那么他自己的悲伤就会减弱些。如果我们哭泣得越大声,眼泪流得越多,那么他不得不流的眼泪就会越少。"[21]

关于中国丧亲者更多关注想象中死去亲人的反应,而非自身悲伤的观点可以回溯到第九章曾讨论过的持续联系。正如有关研究已经了解的西方关于与死者联系作用的证据难以确定,某些人能感觉到自己与已故亲人的持续联系,而某些人却没有类似感觉,某些人认为这种联系是有益健康的,而某些人却并不这么认为。

那么持续联系在中国的情况又如何呢?传统哀悼仪式关注的焦点是正在进行中的联系,那么如此看来中国人的持续联系不更是无处不在的现象吗?那持续联系岂不应该是始终有益于健康的吗?

我们的研究结果对上述两个问题的答案是完全肯定的,研究过程中我们总体感觉持续联系在中国比在美国更为普遍,或许这也是中国丧亲者表现得更加健康的原因。[22]正如早期研究所发现的,美国丧亲者与逝去亲人的持续联系并不总能调适良好,某些美国丧亲者在丧亲第二年的持续联系中体验到的痛苦程度更低,

第十一章 中国的丧亲仪式

而某些美国丧亲者体验到的痛苦程度却更高,而且中国丧亲者对待持续联系的态度普遍要积极得多。研究发现中国被试者在丧亲早期和死者的连接体验频率越高,一般来说从长远看感受到的痛苦就越少。

这些指向持续联系难题等重要内容的研究结果让我兴奋不已。西方心理学家强烈相信与已故亲人的持续联系具有有益健康的特性,而且用来源于其他文化的逸闻和史实充实这个观点,一直以来与已故亲人不间断的长期联系在中国人和日本人身上发挥重要作用的事实,更加坚定了对其在所有文化背景下必然也是大有益处的认识。[23]

然而片面的文化知识可能带来的危险性正如我们之前讨论转世观念时所看到的那样不容置疑,科学研究的常识说明仅仅因为某种和已故亲人的持续联系在文化背景下的有益健康的特性,根本无法推而广之地认定其在另一个文化背景下也必定有益健康。[24]这次跨中美两国文化的研究成果显然证明了这一观点,因此我当然不会从已得出的研究结果推断出持续联系在西方文化背景下对健康不益的观点,更加准确的说法应该是持续联系在得到文化理解和支持的环境下,具有更强的自适应性。

我不禁再次想起和已故父亲在纽约公寓里那部摇摇晃晃的老电梯中的对话。谈话地点选择在电梯,是因为能带来私密感受,电梯轿厢门开启缓慢,就不必担心被大楼里其他人碰见,不然被

发现身为心理学家的邻居正和亡灵交谈那会引起怎样的猜测和遐想，但也许恰恰就是西方人对参与仪式的这种担心剥夺了仪式原本的生命力。

仪式在中国和其他亚洲国家已经融进文化结构中，中国人从不担心向已故祖先求助会被认为是奇怪举动。其实许多中国的城镇和村庄中都点缀建有宗祠，家族所有人都在那里祭奠祖先亡灵，也常在那里与祖先谈心，宗祠建筑往往也是城镇和村庄里最突出精致的。现代城市居民家中看到公开设置的供奉祖先的小祭坛也是司空见惯的了。

现代化

还有一个和中美两国人民关于哀伤和持续联系差异一样有趣的问题，一直令我迷惑不解：在21世纪的中国这些差异还会继续存在吗？我在南京进行持续联系问题跨文化研究已经是20世纪90年代中期的事了，尽管当时中国的改革开放正顺利开展，但变革的力量尚未完全渗透到人口稠密的整个东部地区。可能由于作为外国友人的我远远不能了解的某种复杂原因，南京似乎一直比中国其他城市的现代化发展速度慢，比如当时的南京汽车持有量仍然很低。

2003年张南平写信邀请我再次访问南京，并告诉我说买了辆

第十一章 中国的丧亲仪式

汽车可以很方便地带我去乡村参观。近来他也开始尝试出国旅行以访问和了解更多的异国文化,期间他携家人也曾到纽约来看望过我。我不确定与外部环境的频繁接触会不会影响传统的哀悼仪式,多方影响的环境下会朝着中国政府希望的方向发展吗?现代化建设的开展最终会消灭古老的仪式吗?

2004年我再次幸运地获得了重新访问中国的机会,我的朋友兼合作者香港大学的塞缪尔·霍建议我和波莱特重返中国,这一次还可以带上我们的两个孩子。塞缪尔计划和我共同合作开展几个不同的研究项目,为了使合作研究进展更方便容易,他邀请我作为香港大学客座教授和他一起工作,当时我正准备休一次学术假,时机选择可谓完美到天衣无缝。我内心深深知道这不仅是次简单的旅行,而且是重温古老宗庙并亲眼目睹中国人是否依然认真对待古老仪式的良机,也许,可能只是也许,我甚至可以亲自体验中华民族传统的古老仪式。

香港大学为这次的科研探索提供了设施完美的实验室。当时社会变革和经济繁荣在内地已逐步发展蔓延,古老仪式也随之注入了全新活力,但繁荣加快了现代化进展的步伐,传统习俗最终会被创新发展的混合物所取代。用之前专业送葬者的话来说,"我们村庄现在也有了现代化的便利交通,有人过世家人只要拨通电话,专门从事葬礼组织的公司马上来到现场,提供从花圈租赁、哭灵守灵到送葬一应俱全且范围广泛的服务,他们称之为一

275

站式服务。"[25]

对照内地的发展过程,香港许多年前就已经有过类似的阶段,当内地基本上还是个与世隔离自耕自足的农业之地时,香港俨然已发展成为一个高度现代化、高度国际化的城市。我想如果传统的习俗和仪式能够在香港这座国际大都市茁壮成长,那么应该也能够在其他任何地方发扬光大。有同事告诉我香港的岛上仍保留有大量的宗庙。

起初我很不情愿告诉塞缪尔我有参加祖传仪式的想法,因为我发现大多数中国心理学家非常乐意从学术角度看待问题。中国文化源远流长深入人心,已经吸引着全世界人民好奇和关注的目光,中国人民深深为西方人对中华民族悠久历史的浓厚兴趣而感到自豪,但是当西方人表现出对中国人民沿袭祖传仪式的兴趣时则往往会让他们感到有些尴尬,似乎觉得这些事情多少有些粗俗。

当我向身边的同事打听香火较旺的宗庙具体位置时,往往得到的都是不屑一顾的回应:"现在已经没有人再去关心这些旧仪式了。只有老人们还继续守着老一套,就像我祖母她们。"

同事的反应明显带有某种防御意味,我怀疑其中可能还有更多的故事,例如有一位同事出人意料很生气地回答我,"你为什么要做这些?这又不是你们的文化。"我想这种反应也许与仪式本身的性质有关。记住!中国传统习俗规定如果生者未能适当尊

第十一章 中国的丧亲仪式

崇和供奉他们的祖先，那么祖先就会遭受痛苦，而痛苦的祖先就会伺机报复生者。

例如在哈金的小说《自由生活》中，两个中国人移民到美国后陷入了左右为难的困境，他们从一对年长的中国夫妇手上盘下了一家餐馆，进入餐馆后他们发现那对老夫妇供奉着一尊财神。"在餐馆饭厅角落一个很小的壁龛上安放着一尊瓷制的财神雕像……财神光着双脚坐着，面前摆放着分别装有橘子、苹果、桃子和饼干的小碗，还有两只斟满白酒的小酒杯，插在黄铜香炉中的线香正袅袅地冒着青烟。"餐厅的新主人"对这种所谓的迷信行为感觉非常复杂，但他们应该把财神像撤掉吗？或许确实存在某种可以决定命运改变的超自然力量呢？他们在任何情况下都不能得罪财神，所以最后还是决定不要惊扰财神爷，还是用原来一样的供品诚心供奉着"[26]。

拒绝通过焚烧纸扎祭品给祖先送去钱财或日常用品以履行孝顺义务的现代中国人基本上都会说他们不再关心，也不再相信传统仪式，但同时考虑到这些仪式在中国人集体心智中已经留下的不可磨灭的印记，这种拒绝俨然成为对祖先亡灵的一种挑战，就好像在对看不见的鬼魂说，"动手吧，做点什么让我来乐一乐，使出你最恶劣的手段，我已经不再相信你的存在。"但即使是对古老信仰最轻微的忧虑也在某种程度上可能会导致一连串的事后质疑。

277

悲伤的另一面
The Other Side of Sadness

* * *

  我决定先去参观香港最古老最著名的寺庙之一文武庙。动身去文武庙的前一天,我和家人步行来到岛中心的太平山顶,从山顶往下看,全岛壮丽非凡的美景一览无余。城市的稠密穿过陡峭的葱翠群山不断向四周蔓延,只在山下繁忙的港口让出条条通道。太平山顶再高也难逃香港的酷热,青翠的灌木向四面八方垂落扭转着形成浓密的丛林,湿气沿着树叶和树干凝聚成滴滴水珠,小溪静静地从身边流过,在密密的灌木丛中只闻其声不见其形。葱郁的热带雨林沿着山势逐步往下降落,然后在玻璃和钢铁组成的世界面前戛然而止,令人眼花缭乱的写字楼和公寓楼群似乎挤满了每一寸剩余的空间。我曾经向塞缪尔·霍提到香港的建筑又细又高,看起来就好像一堆铅笔从天空撒落下来,直直地插在地上。"不是铅笔,"塞缪尔笑了笑纠正我说,"是筷子。"

  从这个观点出发并考虑到我的计划可能会引起的各种反应,我开始发现在这个繁华的城市很难想象会有人费心去履行古老的仪式。

  第二天当我们步行来到寺庙,下了整个上午的小雨开始慢慢停了下来。我们按照地图沿着太平山街走到居贤坊,然后再走过四方街,一级级步下楼梯街的台阶,展现在面前的就是文武庙,

第十一章 中国的丧亲仪式

一片依偎在高楼怀抱中白墙绿瓦的小建筑物。

我站在原地伸长脖子向上望着周围耸入云霄的高楼大厦,粉色、黄色和薄荷绿的有着成千上万统一窗户的钢筋水泥组成的丛林,回头再看这片白色小建筑物感觉特别醒目。

文武庙始建于19世纪80年代,特别为纪念文、武两位主司民间官僚(或文学)和战争的神而兴建。多年来被请进寺庙里接受信徒敬奉的神越来越多,甚至为纪念已故亲人的牌位也加入了被敬奉的行列,正如一位中国同事所说,"在这里所有的神都是相同的,很少有区别,甚至连已故祖先也被当作神仙一样来祭拜。"

文武庙总体保存状况良好,显然有专人在悉心照看。寺庙屋檐上雕刻着精美的图形和符号,雄伟的大门在两列红漆木制长矛的掩护下敞开着,一扇雕刻精美的木制屏风挡在门前,隔开了庙里的一片幽深景象,绕过屏风继续往里走,突然呈现的独特景致令我眼前一亮。

寺庙前面的空地上有一座大型金属材质的箱形建筑物,与周围景物格格不入而显得有些怪异。箱形建筑物现代工业化的丑态与寺庙古代诗词般美妙的风格形成鲜明对比,而且一定程度上箱形建筑物的存在也部分破坏了寺庙整体的效果。箱形建筑物上还开有一扇小门,近前一看,小门里透出正炽热燃烧着的火焰。原来这个箱形怪物是座火炉,那扇小门旁边贴着写有汉字的标识

牌,汉字下方有一行潦草的英文"joss paper",这里显然是信徒焚烧纸钱的地方。

庙里烟雾弥漫,一片昏暗。朱红色的柱子和大大小小的石阶把整座庙宇分隔成内庭和几间偏房。大理石祭坛后面一群色彩斑斓的佛、道两家佛菩萨神仙塑像并列拥挤在一起,被一碗碗包子汤羹、一盘盘新鲜水果和各种奇禽怪兽的黄铜雕像遮挡着,插满香支的巨大金色香炉摆放在塑像两旁。

庙两侧的墙壁上整整齐齐地挂满了一排排装有已故祖先姓名和照片的不计其数的小圆盘,在圆盘下面的木头架子上摆放着祈福用的蜡烛、鲜花和各种祭供食品,如饮料、橘子、馒头和用荷叶包着的糯米饭等。

许多前来拜访的人们一直在原地转悠着,祭坛前有几个人或跪或站,低着头在默默地祈祷,还有人手里握着点燃的香支,上下挥动着施行佛教特有的敬拜礼节,现场洋溢着一种严肃庄重的愉快氛围。

我默默地站立一旁观察着眼前的一切,猛一抬头顿时被头顶上方的景致深深吸引,庙堂屋顶的椽子,层层叠叠错落有致的螺旋形物件从上面低低地垂落下来,几乎布满了整座庙堂的屋顶,每个螺旋形物件外形完全相同,而且都呈现棕褐色泽,每个螺旋形物件中心都有红色和金色的纸带垂下,在轻风吹拂下来回晃动。螺旋形物件顺着庙堂屋顶一排低于一排,紧密有序地摆开阵

第十一章　中国的丧亲仪式

势，从屋顶天花板缝隙间透进来的一束束阳光把螺旋形物件照耀得超凡脱俗般地美丽。

我了解到这种螺旋形物件是来寺庙祭拜的香客买的盘香，中心垂悬下来的红色和金色的纸带上是供奉神佛的手抄祈祷经文，盘香从底部点燃后，燃点慢慢地沿着螺旋线上升，冉冉升起的烟雾仿佛一遍遍吟诵着祷告经文奉送给诸天神佛，多年的默念祷文的烟雾把木制天花板熏得焦黑一片。

在现代化高度发展的香港，寺庙和宗祠随处可见，甚至在人口最密集的繁华地段。离文武庙不远就有许多小寺庙，再往上走到太平山街有一座大型宗祠，宗祠入口由简单的木结构楼梯和朴素的玻璃钢波纹板屋顶组成。我们爬上摇摇晃晃的木楼梯，来到一间挂满螺旋形盘香的屋子，壮着胆往里走进大厅，发现自己无端闯入了一座满是祭拜暗室的迷宫。

在一间面积较大的暗室里有四五个年轻的女性，还有几个十几岁的少年和年轻的男人，正忙着折纸钱为祭奠做准备。天窗里透进充足的阳光，整个房间明显比文武庙坑洞似的屋子要亮堂得多，当然这种敞亮的视觉效果也得益于墙面敷贴的明黄色瓷砖的作用。

我安静地站在屋子的角落里观看着眼前发生的一幕幕场景，四岁的女儿安杰莉卡也依偎在我身边。年长些的亲戚就在附近或站或坐随意地聊着天、吃着东西，年轻女性们继续干着折纸钱的

活计。在场所有人的脸上都显出一种充满敬仰之心的表情,这种虔诚的敬仰之情与这个场合似乎很贴合,丝毫没有一点夸张意味,要说除此之外还有什么特别之处的话,那就是现场轻松愉快的气氛。

刚开始我认为或许我们全家的闯入多少有些唐突,但屋子里似乎没人介意,确切地说似乎没有人注意到我们的出现,看到安杰莉卡自说自话地走过去站在年轻女性们身旁,我突然感到一阵恐慌,心想女儿的无知行为肯定会破坏仪式的私密性,但年轻女性们只是朝她笑了笑,继续用中文相互交谈着。

接着安杰莉卡从口袋里掏出小白雪公主塑料玩偶,这个小玩偶整个旅行过程中一直伴随在她身边,她似乎正想把玩偶举起交给其中的一位女性,年轻女性们似乎理解了安杰莉卡的这个举动,立刻报以热情的微笑并轻轻拍了拍她的头,甚至开始用中文和她说笑。我当然无法了解她们到底说了些什么,但明显能看出年轻女性们并没有感觉被打扰,反而很乐意小女能加入其中。

另一位名叫罗德里克·卡夫的西方人在钻研有关中国纸扎祭品的书籍过程中,也承认曾经有过自以为可能会干涉传统仪式的类似的犹豫经历。卡夫也曾像我一样担心,"信徒可能觉得外国人会明显玷污他们的圣地。"同时他也意识到这种忧虑只不过是一种"错误的文化敏感",而实际上他发现寺庙里的信徒的"接受程度"是"非凡的"[27]。

第十一章　中国的丧亲仪式

几天后我和家人参观了位于全岛东端繁荣蓬勃的筲箕湾街市，筲箕湾是沿海岸线形成的天然港口，这里曾经安扎过许多的渔村，现代化高楼大厦逐渐挤走了祖先们曾经繁衍生息的古老渔村，但为纪念主司海上事务的女神天后娘娘及掌控天气和健康的谭公而修建的寺庙继续保存了下来。

我站在筲箕湾街市向外望去，看见远处陡峭的山顶似乎有一片宗祠样的建筑物掩映在繁茂的树丛中。于是全家人四下里寻找上山的道路，最终找到了一条几乎要坍塌的登山石阶。

登上山顶呈现在我们面前的是一片结构复杂、风格奢华的建筑物，几乎就像是一座中世纪的小城，不仅令我们眼前一亮，也完全出乎意料。我们穿过外围的铁篱笆，来到一扇精致的大门前，走进大门，面前是一条颜色鲜艳的红色人行走道。人行道两侧坐落着几间多层的寺庙，每间寺庙都设有一座盘旋而上的红色小楼梯，寺庙的入口通道两边安放着各种雕像，如大型青铜马、陶瓷老虎、铁质或铜质的大香炉等。寺庙建筑物上还装点着很多立式花盆和红色灯笼，在建筑群中心的一角摆放着焚烧祭品的熔炉。

我们绕着建筑物四处观看，突然听到儿子拉斐尔兴奋地大声呼唤着我，原来他发现了能爬上屋顶的楼梯，正在屋顶上向我们挥着手大叫。我们急忙跟着他爬上了屋顶，惊奇地发现了另一片建筑群，除了风格上的细微差异外基本和第一片建筑群相类似。

悲伤的另一面
The Other Side of Sadness

当拉斐尔再次发现另一座能爬上第三层的楼梯时,第二层的建筑我们还没来得及好好观看。

我们在一次偶然的机会发现了古老的筲箕湾的渔民集中祭拜祖先的特别地点,像这样的古老寺庙几个世纪以来在中国的村庄和城镇非常普遍,寺庙作为祭拜祖先的主要地点其功能几乎与焚烧纸扎祭品的方式相同。几乎每个寺庙都安放着代表死去的祖先的灵位、牌匾或者家族其他逝去成员的神位,一旦祖先灵位或牌匾被放置在寺庙里,人们便相信祖先的灵魂也就居住在那里。

每个家族都保留有自己的宗祠,活着的家族成员负责宗祠的维护,如果宗祠不能保持良好的运转状态,则反映出后代对祖先不够尊敬,当然同时也会激起祖先们的愤怒,因此讨好和巴结已故祖先最好的办法也是尽可能奢华地建造和维护好宗祠建筑。由此看来,村民之间的竞争和那种同侪间为先声夺人而进行的技巧比拼就完全在意料之中了,在邻近家族中鹤立鸡群的精致的祠堂建筑既是取悦祖先的可靠途径,也是在活着的人群中显示更高社会地位的来源。

像我们在香港看到的结构如此复杂的复合式祭祖建筑群在中国内地已不再容易找到,大多数宗祠建筑1949年后被销毁或转为公用,但由于当时的香港尚在英国的殖民统治下,内地的风潮难以越过这道门槛,因此老一套的传统仪式得以自由延续。筲箕湾渔村的祭祖建筑很明显仍在正常使用之中,宗祠建筑干净整洁

第十一章 中国的丧亲仪式

并且维护良好,其迹象表明最近有人到访过,而且在香港市区周围的其他寺庙里还时常能看见祭坛上摆着祭祀用的食品和正在燃烧的祈愿蜡烛。甚至当我们走进深山老林中与世隔绝的地方也碰到过很多寺庙,这些寺庙也都很干净整洁并且维护良好,同样有新鲜供奉的祭品证明有人常来祭拜。

让我感触最深的是这些寺庙完全开放且无人守护,这似乎也证明人们对传统仪式的敬畏之心,没有人敢肆意毁坏建筑物或者把寺庙当作临时避难所。其实这种对待建筑的态度本身并无甚稀奇,但与西方国家大多数宗教对待教堂和其他宗教建筑的态度对比反差确实很明显,现代教堂和其他宗教建筑几乎总是上着锁。

"你好,爸爸!"

我不明白为什么会就这个问题思考如此长的时间,因为几天来我一直想亲自尝试一次祭拜仪式,给父亲焚烧一些纸扎祭品。

我不明白我的犹豫不决是出于什么原因,也许是大学里同事们的劝阻?也许是因为我身为科学家参与这种古老仪式就像承认科学能力有限的事实?也许我不能确定,甚至有点害怕可能会有的体验?或许把陈旧习俗视为愚蠢的迷信活动武断地加以破除相对容易,但古老仪式持续如此长久的事实,以及亲眼所见其遍布香港的鲜活力量似乎在宣示着传统习俗强大影响力。然而仪式终究只是仪式,正如詹姆斯·沃森所言,仪式"有转变性的力量,仪式能改变人",最终我决定在文武庙焚烧纸扎祭品以祭奠我父亲。

既然已经决定,那首当其冲的是选择合适的纸扎祭品,我觉得这件事是至关紧要的。我带着家人在太平山街附近的寺庙散步,我记得那里有几条满是纸钱小贩的长街市,街市上一个连一个的铺子几乎不卖别的,堆积如山的纸扎祭品整齐地一行行排满了整个店铺,甚至有些店铺的祭品满得都排到人行道上,有些祭品还一束束随意挂在店铺的遮阳棚上。太平山街市的祭品应有尽有,纸房子、纸汽车、纸收音机和纸电视机,还有纸食品、纸炊事用具,甚至纸快餐、纸鞋和纸服装,当然还有大量的纸币和纸信用卡。

但我应该给父亲烧些什么呢?

我们全家信步走进一家店铺,就在我仔细思考买些什么的时候,我注意到安杰莉卡被一位正把纸鞋装进透明塑料包装袋的妇女吸引而径直走到店铺后面,安杰莉卡现在已经迷恋上所有的纸祭品,尤其是纸房子。安杰莉卡走进了店铺后面的那扇门,朝包装纸鞋的妇女走过去,专心地看着她的一举一动。在安杰莉卡看来显然纸鞋和纸房子一样有意思,但我的心却越揪越紧,因为我记得曾经在书中读到过扎制纸祭品者往往具有某种特异的通灵功能。[29]安杰莉卡的好奇心会不会触犯古老习俗的某些禁忌呢?事实

第十一章 中国的丧亲仪式

再一次证明我的担心是多余的，那位包装纸鞋的妇女对安杰莉卡表现出的强烈兴趣报以异常高兴的态度，尽管存在不可逾越的语言障碍，但她很快就和小女一起玩起有趣的游戏。

安杰莉卡的好奇心和受到欢迎的现实回应似乎提示着我不要把一切看得过于严肃，在这之前曾以为亲自按传统仪式焚烧纸扎祭品会增加某种特有的庄严感，但我现在意识到这个想法是有失偏颇的。不仅焚烧纸扎祭品的行为和个人哀伤无关，甚至中国传统丧亲仪式也与个人哀伤无关，仪式规定的所有行为只为纪念已故亲人，其中最重要的环节是仪式带动家庭的联系，正如罗德里克·卡夫在文章中指出的，准备纸扎祭品"本身就是仪式的一部分，也是帮助加强家庭成员间联系的纽带"[30]。

意识到这些似乎让我心里有了底，也不再为如何选择合适祭品而过度担心。我父亲一生为家人能过上更好生活而努力工作，但他自己却否认物质条件带来的快乐，他只喜欢像棒球比赛和雪茄这种单纯的事物。平时节俭的生活态度是他人生的重要原则之一，而且他没有接受过高等教育，也没有太多其他的经济来源，他坚信只有通过储蓄才能支撑起全家人的生活开销，他一生也确实认真地贯彻着这个信念。

那么我究竟应该送给他些什么呢？当然不会是电视机或衣服之类，我知道这些小东西不会引起他太大的兴趣，应该也不是纸车，甚至也不是纸房子，因为这些东西太过奢侈而容易给人以漫

不经心和自命不凡的感觉，当然可能会让父亲感觉到不舒服。

最后我找到了特别适合送给父亲的完美祭品：纸质金条。金条和储蓄在银行里的金钱极为相似，而且黄金坚如磐石，是绝对可靠的硬通货，也是我父亲可以一生依赖的东西，或许金条在手会让他感觉安全一些，也能够从养家的巨大压力中大大地松一口气。我越是对比着金条和父亲生前给我的印象，就越是确信选择金条作为祭品是最好的决定。

突然我意识到自己看待和思考父亲的方式和角度的改变是我最终做出决定的关键之处。

对自己内心变化的觉察令我陷入久违的振奋之中。

* * *

一位老妇人站在文武庙前的箱形金属炉旁，弯下腰一把一把地从装得满满的篮子里抓出金色和红色的纸钱，从炉子的小窗慢慢扔进燃烧的火焰中，我们全家就安静地站在她身后几英尺外，观察着她的一举一动并等着轮到我们。

在履行这次焚烧祭品仪式前，我们全家曾走回到文武庙为父亲祈祷，因最终选定纸金条作为祭品的喜悦感受已归为持久的平静。而现在我们又站在文武庙前，对仪式的下一步完全一头雾水，或者说就仪式本身而言我应该做些什么。

第十一章 中国的丧亲仪式

直觉告诉我，祈祷最好采用自己感觉最有意义的方式。

仪式能改变人。

我独自向寺庙旁边的祭坛走过去，那里光线比较阴暗，能给我带来一些私密的感觉，我观察到寺庙里其他人施行的是佛教礼节三拜礼——双手合十拜三拜，表示对佛家三宝——佛、法和僧的敬仰。

普通人依循公认的仪式程序参与到统一的文化过程中。

虽然我不是佛教徒，但我对佛教很有兴趣，我想这种兴趣似乎应该也有个合理的开始方式吧，于是屈身双膝跪在祭坛前，按佛家礼节施行三拜礼。

然后我想起了已故的父亲。

"你好，爸爸！"我低声呼唤道。

与父亲有关过往的生活场景快速闪现到我的脑海中。

只要仪式正常进行，是否相信死亡或者来世都无关紧要。

一种遍及全身的温暖感觉顿时把我紧紧包围，我再次体验到内心那种平静到几乎是宁静的状态，就像在静观某种新鲜事物悄无声息地发生着。从我嘴里吐出的每个字都出人意料地充满着力量，仿佛不知道来自何方的强大而神秘的能量听到了我的召唤而蜂拥而来。或许因为我与父亲的这次连接发生在公众的寺庙，我们之间的所有举动在这里都得到全然的接受和认可，这似乎产生了神奇的效果。我立刻感受到父亲的临在，就像我们曾经偶尔有

过的交谈经历一样，然而这次却好像打开了通往另一个世界的门。

以前每次和父亲交谈，我一直想象他是孤单一人，而在文武庙我看见他的世界里还有很多其他人存在，尽管那些人并非完全地形象逼真的，而只是一片模糊影像，但我能真切地感觉到那一群人，当然我也自然而然地与所有人产生了连接。

不管父亲现在以怎样的形式存在——灵魂、记忆、大脑中被激活的神经元或者宇宙模糊的开端——似乎都不再重要，那一刻我唯一在意并深深感受到的是与他永恒的连接。

仪式因为被人们广泛预测将带来的转换性力量而被一再重复。

彼时彼地我有种如醍醐灌顶般的通透感受，我不清楚自己为何从前未曾有过类似体验。这一次与已故父亲在遥远的中国寺庙产生的连接本身并无非常之处——当时西方人去中国旅行已是相当普遍的现象，但是在我和父亲的关系背景下不能不说是件非比寻常的大事。父亲曾经为了支撑全家生计而放弃了旅行计划，而年轻的我因为难以抑制的叛逆而挑战性地离家出走，横亘在父子之间难以弥合的问题鸿沟已经把建立在血肉亲情之上的关系罗网彻底粉碎，现在就在这个古老而又陌生的寺庙我们又重新聚在一起，那些断裂已久的千丝万缕似乎又一次交织起来，将我和父亲紧紧包围融合在一起，他中有我，我中有他，从此不再分离。

第十一章　中国的丧亲仪式

这就是我一直盼望着的对父亲最好的祭奠。

我不禁用生涩的汉语又叫了一句,"你好,爸爸!"虽然我还不能说流利的汉语,但这句简单的问候我还是可以做到。

* * *

老太太终于烧完了满满一篮子纸钱,我们全家紧跟着准备走向火炉,动身前我停下来向拉斐尔和安杰莉卡解释下一步要做的事情,波莱特也忙着解释炉门旁的一行汉字的意思。

我走近敞开着的炉门前寻找火苗,但是什么也没找到。

这就奇怪了,我们明明看到几分钟前老太太刚把纸钱扔进火炉,火焰似乎烧得很旺。

火炉旁边有一支用来引燃香支的蜡烛,但我不确定是否可以用来引燃纸扎祭品。之前烧纸钱的老太太还没走远,她瞥了我一眼,笑着跑了回来。她指着蜡烛用中文向我指点着什么,但我一句也没听懂,不过能猜出她是告诉我应该先用蜡烛点燃金条的一角,然后再扔进炉子里。我按着她的指点操作,纸金条马上在炉子里燃烧起来,火焰熊熊,一片灿烂。老太太看见我在她的指点下顺利焚烧了送给父亲的纸金条,笑容满面地点着头,似乎在说"嗯!这是现代火炉,火焰是自动调节的。"

一切就这样顺理成章地完成了,在一位中国老太太的指点下精心挑选的送给已故父亲的纸金条燃成了灰烬，父亲的在天之灵应该收到了我的恭敬和问候吧。

事后回顾起来，感觉一切举动几乎都是那么呆板而机械，甚至几天前我在寺庙闲逛时就有这样的意识，人们焚烧纸祭品似乎并无任何特别的神圣意味，只是简单地把纸祭品扔进火炉里，就像平常烧纸一样。

现在我明白了个中因由，焚烧纸祭品的意味实际上准确地说只是事后评判，而仪式最重要的部分已经在过程中悄然发生了。

注释：

1. J. Gernet, *A History of Chinese Civilization* (Cambridge, UK: Cambridge University Press, 1982).

2. William Theodore de Barry, Wing-Tsit Chan, and Burton Watson, *Sources of Chinese Tradition*, vol. 1 (New York: Columbia University Press, 1960).

3. Lu Yaw, "Providing for Life in the Other World: Han Ceramics in the Light of Recent Archaeological Discoveries," in *Spirit of Han: Ceramics for the After-Life*, ed. A. Lau, 10-17 (Singapore: Southeast Asian Ceramic Society, 1991), and Xiaoeng Yang, *The Golden Age of Chinese Archaeology: Celebrated Discoveries from the People's Republic of China* (New Haven, CT: Yale University Press, 1999).

4. L. E Butler, "The Role of the Visual Arts in Confucian Society," in

第十一章 中国的丧亲仪式

An Introduction to Chinese Culture Through the Family, ed. H. Giskin and B. S. Walsh, 59-88 (New York: State University of New York Press, 2001).

5. J. L. Watson, "The Structure of Chinese Funerary Rites: Elementary Forms, Ritual Sequences, and the Primacy of Performance," in *Death Ritual in Late Imperial and Modern China*, ed. J. L. Watson and E. S. Rawski (Berkeley: University of California Press, 1988): 10.

6. Ibid., 3, 4.

7. R. Cave, *Chinese Paper Offerings* (Oxford, UK: Oxford University Press, 1998).

8. Ibid.

9. S. R. Teiser, *The Ghost Festival in Medieval China* (Princeton, NJ: Princeton University Press, 1988).

10. F. Fremantle and Chögyam Trungpa, commentary in Chögyam Trungpa, *The Tibetan Book of the Dead* (Boston: Shambhala, 2003): 1-74.

11. Teiser, *Ghost Festival*.

12. Ibid.

13. E. A. Ahern, The Cult of the Dead in a Chinese Village (Stanford, CA: Stanford University Press, 1973).

14. Ibid.

15. K. L. Braun and R. Nichols, "Death and Dying in Four Asian-American Cultures: A Descriptive Study," *Death Studies* 21 (1997): 327-359; R. Cave, *Chinese Paper Offerings*; and C. Ikels, *The Return of the God of Wealth* (Stanford, CA: Stanford University Press, 1996).

16. Heonik Kwon, *Ghosts of War in Vietnam* (Cambridge, UK: Cambridge University Press, 2008).

17. Jonathan Mirsky, "Vietnam: Dead Souls," *New York Review of Books*, November 20, 2008, 38-40.

18. Kwon, *Ghosts of War*.

19. G. A. Bonanno et al., "Grief Processing and Deliberate Grief Avoidance: A Prospective Comparison of Bereaved Spouses and Parents in the United States and People's Republic of China," *Journal of Consulting and Clinical Psychology* 73 (2005): 86-98; K. Lalande and G. A. Bonanno, "Culture and Continued Bonds During Bereavement: A Prospective Comparison in the United States and China," *Death Studies* 30 (2006): 303-324; and D. Pressman and G. A. Bonanno, "With Whom Do We Grief? Social and Cultural Determinants of Grief Processing in the United States and China," *Journal of Social and Personal Relationships* 24 (2007): 729-746.

20. Ahern, *Cult of the Dead*.

21. Ibid., 225.

22. Lalande and Bonanno, "Culture and Continued Bonds."

23. D. Klass, "Grief in an Eastern Culture: Japanese Ancestor Worship," in *Continued Bonds: New Understandings of Grief*, ed. D. Klass, P. R. Silverman, and S. L. Nickman, 59-71 (Washington, DC: Taylor & Francis, 1996).

24. M. S. Stroebe et al., "Broken Hearts or Broken Bonds," *American Psychologist* 47 (1992): 1205-1212.

第十一章　中国的丧亲仪式

25. Liao Yiwu, *The Corpse Walker* (New York: Pantheon, 2008): 10-11.

26. Ha Jin, *A Free Life* (New York: Pantheon, 2007): 189.

27. Cave, *Chinese Paper Offerings*, 55.

28. Watson, "Structure of Chinese Funerary Rites," 4.

29. Cave, *Chinese Paper Offerings*.

30. Ibid.

第十二章 逆境中永生

这本书强调得最多的是人类与生俱来的复原能力,当面对亲人死亡,甚至面对如战争、灾难、流行病、恐怖袭击等其他无数恐怖事件时,我们都能看到这种复原能力无处不在的身影。人们通常会畏惧上述这些事件的发生,但有朝一日不得不真正面对时,除了尽己所能直面一切外几乎别无选择,而且值得庆幸的是,事实证明大多数人都能良好应对。从这个意义上说,承受丧亲之痛的能力并不是某种特别的技能,而是体现出人类化干戈为玉帛、迎逆境得永生的综合能力的一个方面罢了。

然而人们所说的永生通常是从很长时间的角度来考虑,而直到目前大多数有关极端压力事件,尤其是丧亲之痛的研究只涉及很短时间。大多数早期的哀伤过程研究通常最多只历时一到两年,其原因是随着对被试者随访时间的延长而使研究更为困难且代价更高,但研究人员已逐渐开始想办法解决这些问题。丧亲之痛长程研究的雏形已经出现,但其观察结果与早期研究结果完全一致:针对丧亲的复原能力是真实、普遍而持久的。

我和同事们在研究中对第五章描述过的 CLOC 项目资料进行

了时间范围更长的回溯检查,我们仔细查阅了项目开展七年间被试者从配偶死亡前三年到死亡后四年的全部资料,部分被试者头两年遭受慢性的丧亲痛苦,到第四年开始恢复,然而不幸的是并非每个人都能如此,某些丧亲者甚至在丧亲四年后仍不断受到令人疲惫不堪的哀伤症状的困扰。相比之下大多数在研究早期表现较强复原能力的被试者——数量接近半数——整整七年都保持着健康状态。[1]

我和同事们还开展了一项抽样范围多达 16 000 人的研究,其调查数据来自先前已有的参与者出乎意料地被跟随了大约 20 年的研究。[2]研究方法非常独特,调查问题也很新奇,从而便于从略微不同的角度来调整方向,其中有一个每年必重复的问题是:"总体而言你对生活感到满意吗?具体如何表现?"在分析调查结果后发现人们应对的模式与先前研究的情况相同,只不过研究涉及的时间更长一些,然而分析特别重要的发现是大部分丧亲者——大约占 60%——多年来始终体验着很高水平的生活满意度,换句话说就是尽管遭受哀伤的痛苦,但大多数人在丧亲之前、期间和多年后对自己的生活总体感到满意。

* * *

凯伦·埃弗利始终没有着手开办曾经与女儿共同梦想的那种

狗舍。在女儿死后的第一年，凯伦还因为这是共同的梦想而觉得必须努力去实现，但生活的各种其他需求渐渐地拖住了她，事业还要继续发展，慈爱的母亲和真挚的妻子身份还有许多的义务要继续履行。"因为没有克莱尔在耳边的不断叮咛和提醒，"她告诉我，"我开始觉得狗舍这件事不再有意义。"

当然这并不意味着凯伦已将克莱尔遗忘，而且事实远非如此。她和丈夫都致力于保持对克莱尔的鲜活记忆，坚持与克莱尔曾经参与的犬类繁育协会保持着稳定联系，并且以克莱尔的名义成立了旨在对流浪狗实施人道关怀提供帮助和支持的基金。他们还与克莱尔的朋友始终保持着联系，甚至在她死后多年特意邀请在小镇上生活的克莱尔生前的朋友们来参加家庭聚会。

最重要的是凯伦一直保持着健康的身心状态，"我想克莱尔会希望我是这个样子。"她对这一点有绝对的把握，"我绝不能就这样倒下，还有很多人需要我。我过去拥有的事业现在还要继续发展，也是我存在的证明，如果把这些都推到一边，那活着就将毫无意义。我能想到的纪念克莱尔的最好方法是过好自己的生活，我应该做自己擅长而且本来就打算去做的事情，这就是我对克莱尔所有的期待，也是我期望从她那里得到的一切，我想我是在用自己的方式对她说永远都不会忘记她。"

其实哀伤最初带来的震惊逐渐消退后，许多丧亲者意识到向已故亲人致敬的最好方式不是自己悲痛交加和饱受折磨，也不是自己万念俱灰和生不如死，而是尽可能继续地完满生活。前披头士乐队成员保罗·麦卡特尼回想自己的丧失遭遇时也曾响应了这个观点。麦卡特尼14岁时母亲不幸去世，后来他又先后失去了两位最亲密的亲友：披头士乐队同甘共苦的伙伴和最近离他而去的共同生活了29年的爱妻，但麦卡特尼每次面对丧失时都尽可能与悲痛体验保持距离，因为他认为，"亲友们的死亡会使我陷入某种与世隔绝的沮丧状态，我明白沮丧状态会干扰他们的清静世界，与悲痛体验保持距离有助于我远离那种状态。"[3]

丹尼尔·利维并没有忘记珍妮特，虽然在妻子死后五年他就和另一个女人一起生活。那么他和珍妮特海边交谈的情况又如何呢？

"我仍然经常像从前一样和珍妮特进行交流，她是我的生命中如此巨大的力量，我一定要留住她，我仍然可以随时找到她。"

然而对珍妮特的回忆会对他新的夫妻关系产生干扰吗？"我和罗莉之间的关系与我和珍妮特目前所保持的状态完全不同。和珍妮特之间是人间罕见的纯粹精神连接，那种状况不会每天都发生，但罗莉很风趣，能带给我许多世间的天伦之乐，我们在一起的生活其乐无穷。我会把和珍妮特之间发生的事原原本本地告诉她，甚至我们会时常谈论珍妮特，罗莉没觉得这样有什么不好。"

为哀悼做准备

早期的丧亲之痛理论强调有序完成丧失痛苦的重要性，并认

为丧亲过程应该展开成一系列可预见和必要的阶段。虽然这些理念并没有得到太多研究结果的支持，当然很大程度上是因为一直以来对丧亲之痛从来没有太多正式的研究，但是当对哀悼过程细节的研究终于开始被提上了议事日程，展现在研究人员面前的是一幅非同寻常的壮丽画面。

人们之所以能良好应对丧亲之痛，是因为人们都早已准备妥当——只要你愿意就可以随时把插头接上，与生俱来的一系列心理过程能帮助每个人顺利完成这项任务，这一系列心理过程中最明显的是感觉和表达悲伤的能力。当人们感到悲伤时会把注意力转向内部，对丧亲的现实进行反省、评估和调整；当人们表达悲伤时就会向他人倾诉自己的痛苦，任凭思想的骏马踏遍所有的山丘沟壑，寻求他人的关心和同情，特别是在丧亲早期的几周内。

包括悲伤在内的所有情绪都有被设计成天然的短期应对方案，但如果过长时间沉浸在某个如悲伤或难过等固定情绪状态中，那么就可能因反复思考而产生退出周围世界的风险；如果对悲伤情绪的表达过多，那么就会让那些能提供当时最需要的帮助和支持的人由于害怕或者厌烦而走远。

然而幸运的是人类的天性提供了内在的解决方案，为了避免太长时间的悲伤，所有的情绪体验都来来去去不断振荡循环，并且随着时间的推移振荡循环周期不断扩大，以使情绪趋于往日的平衡状态。

第十二章　逆境中永生

人类通常通过转换到更积极的心态的方式实现进出悲伤自适应的摆动状态，而且大多数人都惊奇地发现这个进出悲伤的开关可以自己创造。虽然苦中作乐并非人们所期望的，但是如果能做到苦中作乐，甚至强颜欢笑，那么其意义将非同寻常，真实的美好感觉会重新回到身边，即使只是短暂的片刻。人们还可以从对已故亲人的积极回忆中得到安慰，这种积极状态不仅将人们带出悲伤状态，更把人们再次带进周围的美丽世界。研究验证笑声尤其具有很强的感染力，甚至是在丧亲过程中，笑声能带给他人愉快感觉而跟他人越靠越近，并激励他人在自己因痛苦而需要陪伴的时刻能花费心思守在身边。

研究发现并非每个人都能很好地应对丧亲，所以理解为什么会出现这种情况对在更大范围的人群中培养健康的应对方式是很重要的，同时也给那些因苦难而生活失调的人群带去帮助和希望。

众所周知，复原能力肯定有遗传成分，然而这个问题并没有明确的科学依据。当然复原能力也应该会涉及心理因素，我在研究中发现这些心理因素之一是乐观的态度，另一个则为应对灵活性。早前我曾描述复原能力强的人就好比工具箱里有更多可使用的工具，其中的工具之一是能够从悲伤到积极对情绪进行切换，另一个是使用情绪的方式更加灵活。

当然能达成相同结果的还有其他途径，我在研究中发现有关

行为灵活性的常见现象，人们时常会利用正常情况下远非完美健康状态的行为或策略来达到完美应对效果，自以为比想象中的更强大或更持久，或者将损失归咎于外部因素等自利偏差行为就是这种策略，例如将丧亲归咎于亲人在医院得到的看护或者老板的行为等。人们往往也会通过关注事物的积极结果作为保持乐观态度的方式，虽然这种行为在正常情况下可能达不到很好的效果，但在某些关键时刻却肯定可以帮助人们顺利渡过难关。

持久连接

"我几乎不敢相信谢尔盖已经离开我这么长时间了。"桑德拉·比尤利在谢尔盖死后四周年写给我的电子邮件中这样说道。四年来她的生活似乎过得很好，当我问她是否同意我认为她有复原能力的想法时，她承认了，不过又很快补充说，一切并不像看起来那么容易应对。最近桑德拉母亲的去世让她感觉更加沉重，因为母亲的去世不同于谢尔盖的离开，其带来的影响更多表现在家庭生活错综复杂的转变，并且需要承担更多由衰老引起相关责任的改变。

每逢谢尔盖的死亡周年纪念日，桑德拉都事先和一位密友相约一起度过这一天的大部分时间。桑德拉曾和我说起过她的那位亲密朋友，这位朋友曾经以桑德拉出生和成长的家乡小镇为主题

第十二章 逆境中永生

写过一首美丽的诗。桑德拉曾经在母亲临终前特别为母亲读过这首诗,她说,因为"当母亲走过这个世界进入下一个世界时,这首诗会将和她们有关的美好回忆带回到母亲身边"。而且在谢尔盖死亡周年纪念日这一天,来自亲密朋友一如既往的温暖友情会"让对我来说难熬的一天能过得更美好、更快乐"。

但桑德拉在谈话中也提到独自一人生活的诸多难处,"曾经和谢尔盖一起熟悉的一切现在没有人能与你再像从前一样继续维持,我不得不接受曾经习惯的一切伴随谢尔盖离开后的生活。心烦时我既不能指望谢尔盖能回家来帮我,也不能像过去那样回到家不停唠叨,困惑时再也没有他的拥抱给我带来安慰。"

不过桑德拉对生活依旧保持乐观态度,"谢尔盖生前总是鼓励我过好自己的生活,并支持我独立面对一切。他曾鼓励我写作——他去世后我坚信自己能坚持写下去,并且有一天会公开发表自己的作品。"

当谢尔盖走进她的生活时,桑德拉找到了打开身心的通道,但母亲去世后,"世上再也没有人能告诉我下一步该怎么做",只有谢尔盖的影响依然发挥着作用。"我现在比以往任何时候都更加视谢尔盖为珍宝,"桑德拉说道,"我一直认为他不可思议并且由衷欣赏,而现在我发现他甚至比我以前所认识的那个谢尔盖更加令我钦佩。"

桑德拉的生活也有全新的变化,她和谢尔盖与前妻生育的女儿的关系开始有了进展。谢尔盖生前与女儿来往不多,然而在他死后桑德拉和他的女儿成了好朋友。桑德拉告诉我,"他的女儿对自己的父亲从来没有很全面的了解。嗯,但现在她开始更多地了解谢尔盖,还有我。"

面谈进行一段时间后,我请桑德拉回想在早期访谈中曾经说过的话,并提醒谢尔盖去世后不久她曾经描述过的场景。我问桑德拉类似场景是否会再次发生,是否还会记起那些体验。她脸上立刻泛起兴奋的神色,说:"哦,当然,我仍然不时会和他相遇。"她告诉我:"但是已经不像第一次那么强烈。"她接着补充道:"我知道谢尔盖仍陪伴在我身边,守护着我。他就在我身边没有走远。"

死亡常常能唤醒人们内在强大的生命失调感,虽然人人都受到死亡恐惧的威吓,但他们仍然保持着强烈的好奇心。当哀悼之时来临,人们不得不和这种失调感相伴,并无法抗拒地被带到未知世界面前。我们想弄清已故亲人究竟遭遇了什么,有时候在他们离去很长时间后仍能感觉到他们的存在。

与已故亲人任何形式的持续联系一直以来都受到传统丧亲理论的怀疑,传统丧亲理论认为哀悼的终极目标是完全切断与已故亲人的依恋关系,打破所有有意或无意的连接,如果无法做到这些就只会延迟哀悼全过程的圆满完成。然而随着时间的推移,许多健康的丧亲者明显没有放弃这种情感纽带,他们其实在丧亲多年后继续感受到与已故亲人深度的连接,甚至和他们进行对话。

第十二章 逆境中永生

为了弄清这些现象的含义，丧亲之痛理论家调转了方向而大肆吹捧维持而不是破坏与已故亲人情感连接的重要性。

研究向我们展示了丧亲过程复杂的整体情况，决定丧亲期间持续联系是否健康的因素有许多，其中之一是联系类型，诸如保存死者生前物品的做法对调整适应是有害无利的，另一因素是联系时机，亲人去世后不久持续的临在体验常常让丧亲者感觉更糟，而稍晚一些的类似体验则对丧亲者有安慰作用，且明显对调整适应更加有利。然而不管丧亲者采取何种形式的持续联系，与已故亲人极端或过度频繁的连接体验通常会导致哀伤过程更加持久的拖延。

当然还有一个关键因素是文化。和死者保持交流的思想在遵循科学客观原则的西方文化中引起更多人的反对，然而全球许多地区这种思想已经融入到日常生活的方方面面。尽管这种思想在非西方文化中的受重视程度很难明确界定，但与死者的沟通仪式似乎显得相当随意，往往还带着几分诙谐和轻浮意味，但是仪式的影响力量却是无比强大的，不管是否完全相信，但亲身体验后受到的触动确是真实而深刻的，我对中国丧亲仪式的研究也表明了这个事实，同时也揭示了对不同文化和丧亲之痛的学习和探索是永无止境、需要不断深入的。

* * *

有过在中国访问时的初次体验后，我确信会坚持通过焚烧纸扎祭品来祭奠父亲，虽然这只是简单的仪式，但却让我与父亲的关系起死回生。我很庆幸在纽约的华人社区也有出售现成纸扎祭品的商铺，即使在最近已成为纽约主要旅游景点的曼哈顿下城的老中国城，类似于我在香港见过的宗庙和纸品店也非常多。虽然曾无数次到过这些地方，但似乎从来没有注意到那些店铺和宗庙。

另外，当我向美国的朋友和同事描述焚烧纸扎祭品的体验时，他们都用怀疑的眼光看着我，好像不确定是否应该把我的话当回事，尽管这种反馈对我来说远谈不上有多不快，但我确实有些吃惊，并很快就意识到这种经历显然不是轻易可以与人谈论的，其实也不得不提醒自己，在西方几乎所有与死者有关的话题仍然会引起大多数人的不适感受。

我经常光顾纽约中国纸扎祭品商铺的目的也引起商贩的质疑，"为什么你需要这些东西呢？"他们问，"你知道这些物件都不是真的，而只是用纸糊的，你打算用来做什么呢？"每次我参观纽约的宗庙时这种怀疑之声可谓不绝于耳。

随着时间的推移，再次焚烧纸扎祭品的渴望也渐渐消退，其实我也没有像之前想的那样再尝试一次古老仪式，最终不得不承认香港大学同事的观点：和焚烧纸钱的古老仪式在香港深深吸引我一样，焚烧纸钱的古老仪式在家乡却没有也不可能成为我体验的一部分。

第十二章 逆境中永生

然而文化差异并不是唯一的影响因素,随着时间的推移我意识到自己不再需要履行这种仪式。父亲已经去世超过 25 年了,他离去时我还很年轻,当时我们互相争执,关系中还有许多没有得到妥善解决的问题。我曾经通过在想象情境中对话的方式重续与父亲的连接,这只不过是延续过往关系的一种方式,或许也是令关系复活以至于可以从中断处重新开始的一种方式,如果幸运的话也许还可以修复以往破损关系的某些裂痕。在香港履行的古老仪式在这方面有着特别强大的力量,产生了前所未有的效果,并且达到了期盼已久的目的,留在心中的那些超凡体验已经融入身心,并紧紧跟随我回到了家乡。现在我已不需要也没有理由再去重复一遍。

* * *

就我所知跨度最长的丧亲之痛研究竟然不可思议地进行了 35 年之久。[4]研究显示有些事情能保持恒定,但多年后丧亲之痛的诸多方面只是慢慢退去,例如,丧亲头几年许多丧亲者经常追忆已故亲人,常常沉迷于对往日情景的反思和重演,至少保持每周几次的频率,但尽管丧亲 15 年后这种反思和重演发生的频率已经很低,但并不会完全消失。

纪念日反应就像桑德拉·比尤利切身体会的那样揭示了丧亲

者某种共同的轻度倾斜模式。"纪念日反应"是指丧亲者在某个与已故亲人相关的重要纪念日其悲伤和孤独感受会大幅增加的现象。纪念日通常是指已故亲人生日、去世后第一个节日,当然还有亲人去世的日子等。大多数人的纪念日反应通常只会持续几小时,不会更长,而且随着时间推移纪念日反应的持续时间似乎并没有太大变化,如果说有的话,也只是反应频率的变化而已。

尽管哀伤具有耐久特性,但丧亲者常常担心自己会遗忘,担心自己无法找寻通往回忆的小径,甚至在亲人去世多年后,这种担心对于失去孩子的父母尤其是个棘手问题。[5] 一旦为人父母,就是永远的父母,再没有任何理由可以改变一切,当孩子死了,父母决不允许与之相关的哪怕一丝记忆随风飘逝。

我也曾和凯伦·埃弗利一起探讨过这个问题,我问她是否可以总结一下女儿去世多年后有关丧亲之痛的感受,她陷入了沉思并最终给了我答案。我想她的回答对所有曾经因亲人的离去而深陷哀伤中的人都有借鉴作用:

> 那有点像一道慢慢消逝的光芒,只会渐渐暗淡却永远不会熄灭,永远不会,无论如何都不会完全熄灭。我感受到那令人心安的非凡力量,我曾担心有一天那道光芒会消失——我也会因此而忘记,然后就真的彻底失去了克莱尔。现在我知道这种情况从未发生过,永远也不可能发生。总有闪烁的点点火星,有点像大火熄灭后留下的炽热余烬,我随身携带

并常伴身边,如果有需要,如果想让克莱尔靠近我,我只要轻轻吹口气,又会重现光明。

注释:

1. K. Boerner, C. B. Wortman, and G. A. Bonanno, "Resilient or At Risk? A Four-Year Study of Older Adults Who Initially Showed High or Low Distress Following Conjugal Loss," *Journal of Gerontology: Psychological Science* 60B (2005): 67-73.

2. A. D. Mancini, G. A. Bonanno, and A. E. Clark, "Stepping Off the Hedonic Treadmill: Latent Class Analyses of Individual Differences in Response to Major Life Events," unpublished manuscript, 2008.

3. Quoted in JohnColapinto, "When I'm Sixty-Four," in column "Onward and Upwards with the Arts," *New Yorker*, June 4, 2007, 67.

4. K. B. Carnelley et al., "The Time Course of Grief Reactions to Spousal Loss: Evidence from a National Probability Sample," *Journal of Personality and Social Psychology* 91 (2006): 476-492.

5. Ruth Malkinson and Liora Bar-tur, "The Aging of Grief: Parents' Grieving of Israeli Soldiers," *Journal of Loss and Trauma* 5 (2000): 247-261.

致　谢

我要向参与研究的每个人的慷慨和勇气深表敬意，没有他们的努力也就没有这本书面世的可能。尽管他们承受着丧亲的痛苦，尽管他们经历了艰难的事件，但他们还是毫无保留地回答了我没完没了的问题，并欣然接受了我为他们设置的所有单调沉闷的任务。他们开放的胸怀促使我踏上理解人类复原能力的道路，我还要特别感谢桑德拉·辛格·比尤利这么多年来接受我再三重复的对话和交流要求，并授权我引用她富有思想的散文和感人至深的诗歌。

如果没有我的妻子波莱特·罗伯茨和我的两个孩子，拉斐尔和安杰莉卡的耐心和支持，我也不会有充裕的时间完成这本书，他们等待着我下班回家，等待着我共同用餐，等待着我周末关掉电脑，我会永远感激他们。

我能够一直保持对本书中相关思想不断深入的探索状态得益于我的导师罕布什尔学院的尼尔·斯特林、耶鲁大学的罗姆·辛格，还有旧金山加州大学的玛蒂·霍洛维茨的专业和慷慨的指导，以及在我职业生涯中给过我帮助的许多同事：罗伯特·克劳德、佩内洛普·戴维斯、保罗·埃克曼、贝瑞·法柏、苏珊·福

致　谢

克曼、阿尔·霍伦、史蒂夫·莱波雷、伦道夫·尼斯、布鲁斯·韦克斯勒、卡米尔·沃特曼和詹姆斯·尤尼斯。我同样要十分感谢很多给过我激励和启发的朋友和合作者：约翰·阿切尔、黛安·艾恩科夫、乔安娜·巴克若斯基、莉莎·费尔德曼·巴雷特、托尼·比斯孔蒂、保罗·贝利、凯瑟琳·博尔纳、理查德·布莱恩特、丽莎·卡普斯、路易·卡斯顿圭、安德鲁·克拉克、塞西莉亚·陈、内森·康斯丁、奈杰尔·菲尔德、克里斯·佛瑞里、芭芭拉·弗雷德里克森、彼得·弗里德、桑德罗·嘉利、詹姆斯·格罗斯、史蒂夫·赫伯佛、苏珊·诺兰、荷科希马、塞缪尔·霍、约翰·约斯特、达彻尔·凯尔特纳、安·克林、达林·雷曼、斯科特·利安菲尔德、泰勒·洛里希、安东尼·曼奇尼、安德雷斯·梅尔克、特雷西·梅恩、理查德·麦克纳利、巴嘉·梅斯基塔、马里奥·米库林瑟尔、康斯坦斯·米尔布拉斯、朱迪斯·莫斯科维茨、张南平、罗伯特·内米耶尔、尤瓦·那瑞亚、珍妮·诺尔、凯瑟琳·奥康奈尔、科林·默里·帕克斯、弗兰克·普特南、艾斯克尔·拉斐尔里、爱德华·瑞尼尔森、马蒂·赛弗、亨克·斯科特、加里·施瓦兹、凯瑟琳·雪儿、布林纳·西格尔、洛葛仙妮·希尔福、查尔斯·史汀生、玛格丽特·施特勒贝、沃尔夫冈·施特勒贝、罗伯特·韦斯和汉斯约里·诺记。

我诚挚的谢意要献给好朋友拉里·休斯和玛丽·休斯对我写作这本书的鼓励；要献给我的文学代理琳达·罗文塔尔对我将想

法转化为文字思路的理清和敢于尝试信心的鼓舞；要献给巴西克出版社的阿曼达·穆恩的耐心、冷静洞察和坚定的眼光；还要献给优秀的文字编辑玛格丽特·里奇。

心理学研究不是孤立的活动，它需要无数双手和头脑的参与和支持。我要感谢那些跟着我在实验室不知疲倦地工作，特别是那些和我一起撰写书中提到的那些论文的学生们：安东尼·帕帕、杰克·鲍尔、凯瑟琳·拉兰德、大卫·普利斯曼、卡琳·考夫曼、麻仁·韦斯特法尔、艾泽米妮亚·科瓦切维奇、斯泰西·卡尔特曼、乔伊·卡赛特、丽贝卡·谢尔曼、考特尼·仁尼克、沙龙·德克尔、克劳迪奥·内格朗、大卫·法扎里、迈克尔·米哈莱茨、詹娜·勒郡、丹尼斯·克拉克、丽莎·吴、凯莉·赛弗力安尼、大卫·库尔勒、劳拉·古林；还要向为这本书编写索引的苏马蒂·古普塔、艾萨克·伽拉泽·利维、唐纳德·罗宾诺夫、米歇尔·奥尼尔、丽莎·霍洛维茨和尼古拉斯·赛韦特表达谢意。

本书中所描述的研究得到美国国家卫生研究院、美国国家科学基金会、香港研究资助委员会和哥伦比亚大学行政副总裁办公室的慷慨资助。

The Other Side of Sadness: What the New Science of Bereavement Tells Us about Life after Loss by George A. Bonanno Copyright © 2009 by George A. Bonanno.

Published by arrangement with George A. Bonanno c/o Black Inc., the David Black Literary Agency through Bardon-Chinese Media Agency.

Simplified Chinese translation copyright © 2015 by China Renmin University Press.

All Rights Reserved.

图书在版编目（CIP）数据

悲伤的另一面/（美）博南诺著；叶继英译. —北京：中国人民大学出版社，2015.6
ISBN 978-7-300-21416-0

Ⅰ.①悲… Ⅱ.①博… ②叶… Ⅲ.①应用心理学 Ⅳ.①B849

中国版本图书馆 CIP 数据核字（2015）第 120446 号

悲伤的另一面

乔治·A·博南诺　著
叶继英　译
Beishang de Lingyimian

出版发行	中国人民大学出版社		
社　　址	北京中关村大街 31 号	邮政编码	100080
电　　话	010-62511242（总编室）	010-62511770（质管部）	
	010-82501766（邮购部）	010-62514148（门市部）	
	010-62515195（发行公司）	010-62515275（盗版举报）	
网　　址	http://www.crup.com.cn		
	http://www.ttrnet.com（人大教研网）		
经　　销	新华书店		
印　　刷	涿州市星河印刷有限公司		
规　　格	145 mm×210 mm　32 开本	版　次	2015 年 7 月第 1 版
印　　张	10 插页 2	印　次	2015 年 7 月第 1 次印刷
字　　数	186 000	定　价	39.00 元

版权所有　侵权必究　印装差错　负责调换